文化的力量

REV.

改變全世界

文化的力量

REV

改變全世界

瘋狂改變世界

我就是這樣創立twitter的

Things a Little Bird Told Me: Confessions of the Creative Mind

畢茲·史東 Biz Stone——著

顧雨佳／李淞林——譯

推薦序

徐挺耀
泛科學創辦人，潮網科技創辦人

在九〇年代末的網路革命之後，形塑我們看到的世界，最重要的就是社群網路革命了。社群網路產生了一些偉大的公司，但過去十年，真真正正改變世界的社群網路只有兩家，一間就是臉書（Facebook），一間是 Twitter。改變世界的具體指標，就是如果沒有這兩間公司，根本不會有阿拉伯之春。抗議的群眾使用社群網路讓獨裁者的訊息封鎖得到突破。沒有 Twitter，也不會有新浪微博之類的區域性優秀服務，人們對於移動應用的導入也會比較遲緩，現在的網路世界也不會長這樣。

雖然都是改變世界的公司，兩間公司看待世界的角度也不太一樣，臉書是間由天才工程師馬克・祖克伯創設的公司，擅長對用戶反饋高速迭代，重視人的連結，Twitter 則是比較接近從人與內容的角度出發，在應用層面的使用情境千變萬化。

兩家公司的運作狀況也不太一樣，臉書是由馬克・祖克伯天才而強勢的領導，除了大衛・芬奇拍《社群網戰》我們可以一窺堂奧，本身的運作是比較穩定確實。而 Twitter 比較有人味，故事也比較戲劇性，幾個創辦人都非常知名，包含出售Blogger 給 Google 的伊凡．威廉斯，還有矽谷最知名的創業者之一傑克．多西，以及本書作者畢茲．史東等人。這些創造力過人的天才共聚一堂再加上產品的火爆，當然有很多複雜的動力導致 Twitter 的管理階層非常不穩定，傑克．多西都擔任過兩次執行長（他甚至用賈伯斯自喻），連畢茲．史東自己最後都離開了 Twitter。除了管理高層的混亂，Twitter 的產品也在很長一段時間並不穩定，系統不穩的嚴重程度甚至連 Twitter 故障的標誌『失敗鯨』都變成一個很有名的圖像，幾乎所有 Twitter 用戶都知道這些問題，但他們還是愛用 Twitter。

Twitter 魅力之謎，在這本書中有很好的解答，Twitter 創辦人畢茲．史東寫的這本書，非常清楚的闡述他們一路走過來的痕跡，他們如何從已經失敗的項目 Odeo 轉往 Twitter，他們如何看待自己的產品，他們如何確保自己的成功。畢茲．史東連大學都沒有畢業，靠著努力與熱情得到了 Google 的工作，靠著對用戶和社交網路的理解參與創造了 Twitter 的成功。能達到這些是因爲畢茲．史東一直非常堅持對人的關懷，利他動機，群體力量，替使用者創造最大價值，我想這就是這些矽谷偉大公司跟一般公司的差別。在這些願景驅動下，改變世界才是可能。他非常堅持要爲用戶創造價值，以及維持 Twitter 的中立性。在美國政府監控網路的「稜鏡計畫」披露後，只有 Twitter 被指稱很明確的回絕，這些價值的堅持非常不容易。

對任何一個有志創業者，這本傳記都提供很好的指引，比起一般創業書籍，Twitter 能更多的教所有人『做什麼』、『不做什麼』。說的不客氣一點，很長的一段時間，甚至長到莫名其妙，Twitter 都是一個領導階層更替不斷，產品穩定性不足，營收方向不明確的網路公司，甚至唯一的產品你還只能打一百四十字在上面。在正常的情況下這間公司可能已經收攤了數十次，但畢茲．史東和傑克．多西等這些優秀的 Twitter 創辦人讓 Twitter 能持續向前飛行。

有個小故事是書裡提到的，他們收到臉書祖克伯的鉅額五億美金收購邀請，他們親身跟祖克伯接觸，發現彼此想事情的邏輯差異過大，就拒絕了。要知道 Twitter 在那時接受收購是很好的交易，五億美金已經遠超過他們的想像，但是 Twitter 創辦人們知道自己要什麼、不要什麼，果斷拒絕。所以這麼多年下來，用戶可以持續原諒 Twitter 的不穩定，熱愛跟使用 Twitter，就是因爲他們有諸多堅持，有所爲有所不爲，有諸多偉大願景，並且願意爲這些偉大願景付出熱情跟行動，堅持住。這就是改變世界的人們和一般人的差別，這也是這本書裡面教我們最多的事情。

獻給麗薇亞

For Livia

目錄 *contents*

前言
天才的公司

二〇〇三年十月七日，「天才實驗室」——一家美國波士頓的部落格公司宣稱已被Google收購。這則消息迅速被多家新聞媒體轉載，維基百科也很快將其補充到「Google收購清單」中。一旦某件事被列入維基百科，那似乎就成爲斬釘截鐵的事實。當然，從某種角度來說，此事也絕非空穴來風：「天才實驗室」確實存在，那就是我。而我本人被Google「收購」了，更準確地說，是我本人被Google聘用的故事，這正是我發跡的開始。

一年多以前，我的前途似乎一片迷茫。我和一群朋友憑著不成熟的想法開設一家網路公司，邁出了事業的第一步。我們創設了名爲Xanga的網站，但它遠非我想要的樣子。厭倦了在紐約身無分文的流浪生活，我毅然選擇了離開。在我所有駐足過的城市中，紐約算是最差的一個。我和女友麗薇亞帶著上萬美元的信用卡負債，回到我的老家麻塞諸塞州衛斯理鎮。我們搬進了老媽家的地下室，我也沒有找到工作。

我曾嘗試在 eBay 上販售舊版的 Photoshop 軟體（這樣做可能是違法的），但沒有一個人來買。我甚至想回到之前創辦的公司重操舊業，但也遭到前同事的拒絕。

在我所謂的職業生涯中，唯一的亮點就是撰寫部落格。創業一開始，我們使用 Pyra Labs 研發的軟體，而這家公司的聯合創辦人叫伊凡．威廉斯（Evan Williams），我對他的工作抱有濃厚的興趣。之後，我開始撰寫自己的部落格，並也一直關注著伊凡的。一九九九年，Pyra Labs 發布了其網頁日誌工具——Blogger，我也成爲首批測試該產品的成員之一。和大多數人一樣，部落格帶給我很多啓發，它可以說是一場革命，帶領我們走入全民資訊時代。

Xanga 是一個部落格社區，離開它以後，我只能在這場革命的邊緣徘徊，漫無目的地在我老媽的地下室中消沉度日。但部落格中的我卻演繹著精彩的人生，我的部落格就是另一個我，我在那裡體驗著一種信心爆炸、既瘋狂又誇張的生活。這一切要從我的部落格標題開始說起，標題的靈感來自於卡通《兔寶寶》裡的明星大笨狼懷爾。有一天大笨狼誇張地掏出一張名片遞給兔寶寶：「請允許我介紹一下自己。」名片上面赫然寫著「天才懷爾」。大笨狼在名片上自稱天才的作風，完全就是矽谷創業者的精神。在公司創立之初，你可能除了一個好點子外，根本一無所有，甚至連一個好點子都沒有；你所擁有的只是超級自信，相信自己有朝一日總會想出一個好點子。你需要有個起始點，所以稱自己爲「創辦人」，就像大笨狼懷爾稱自己爲「天才」一樣。於是，你在名片上印上了自封的職位——創辦人及首席 CEO。

我當時連公司都沒有。但就像大笨狼一樣，我開始用「天才畢茲．史東」來命名我的部落格，名片上也印了相同的名字。部落格裡的我，就像這個名字一樣，上演著天才人生。「天才畢茲」聲稱，他的「天才實驗室」替世界一流的研發團隊提供無限的資源，幫助他們更深入的探索這個世界。

二〇〇二年七月，我在部落格發表了一篇文章：「一架日本超音速噴射客機在試飛階段墜毀，其設計速度預期比協和客機快一倍。我將簽署多項文件，投入上百萬資金研發混合動力引擎飛機。」

然而，現實生活中的畢茲沒有投入半毛錢，我不過是在衛斯理大學擔任網路管理員。同時麗薇亞也找到了工作，於是我們在學校附近租了一間小公寓，我每天走路上下班。與其說是租了間公寓，倒不如說是一間閣樓小屋，但至少我們不用住在老媽家的地下室了。

與此同時，另一個我——天才畢茲繼續在網路上散播他的瘋狂幻想，也獲得了越來越多的關注。在我過著這種雙面人生時，萌生了一些想法。我的部落格不再只有那個瘋狂天才，而是加入我本人的靈感。在不斷撰寫部落格的過程中，我也一直在思考如何進化我的部落格。我有預感，到或許有一天它將成就我的事業。二〇〇三年九月，我曾寫道：

> 我的 RSS 閱讀軟體只能發送兩百五十五個字元。或許兩百五十五個字元是部落格的一種新標準？表面上看起來字數有點少，但如果人們能透過 iPod 和手機在一天之內閱讀到更多資訊，這也許就是個好標準。

當時我根本不知道，那一刻的靈光乍現，竟然會在未來的某天改變整個世界。我想，這應該是對於一個自詡天才的人最大的榮耀吧。

@ # ★

二〇〇三年初，Google 收購了伊凡．威廉斯的 Blogger 公司。從一九九九年到二〇〇三年的四年多裡，Blogger 從一個少數電腦迷的業餘消遣，演變爲家喻戶曉的名詞。伊凡和我沒有任何交集，我們沒見過面，甚至連電話都沒有通過。我曾爲一家名叫《網路評論》（Web Review）的線上雜誌採訪過他，所以一直保留著他的電子信箱。當時，我不知從哪裡來的勇氣寫了信給他，祝賀 Blogger 被 Google 收購：「我一直認爲我應該成爲你團隊中的第七名員工。如果你想招募新員工，請馬上聯絡我吧。」

後來我才知道，伊凡也一直關注著我的部落格。在網路世界，我們兩人如同結拜兄弟。雖然伊凡周圍有很多優秀的技術工程師，但是他更需要眞正懂得社群媒體（Social Media）的人。這類人才不僅要懂技術層面，更需要關注「人」。他認爲我就是他要找的最佳人選。

他很快給我回信：「你想來這裡工作嗎？」

「當然囉。」我認爲回覆信件之後就一切談定了，我可以不費吹灰之力在西海岸找到一份新工作。

但當時我並不瞭解伊凡的團隊之上還有很多高層。他爲了聘用我在幕後牽線，與其說是線，更像那吊橋上的纜繩，背負著極大的壓力。Google 一直以聘用高階人才聞名，要求應聘者至少要有資訊工程學位，而且最好是博士，他們根本看不上我這種連大學都沒畢業的人。最終，Google 高層還是勉強同意由技術副總裁韋恩．羅辛（Wayne Rosing）給我一次電話面試的機會。

那天，我窩在自己的小閣樓裡，緊盯著一部白色電話等待面試，那是我從兒時起就開始用的傳統有線電話，算得上是古董了。我以前從來沒有面試過，也沒有人教過我應該怎樣準備面試。雖然我天眞地以爲自己已經被錄用了，但也明白和羅辛通電話可是件大事。此外，之前的一件糗事，又讓我對這次面試更加緊張。在面試的幾天前，Google 人力資源部的一位女士打電話給我，我竟然不知天高地厚地對她開起玩笑。她問我是否有大學學位，我說：「沒有，但我看過電視廣告，我可以去弄一份來。」雖然她對我的冷笑話完全不感冒，但很明顯，我對人力資源的電話面試完全不瞭解，這讓現實生活中的「天才」充滿了自我懷疑。

電話鈴聲終於響起，在接電話的那一瞬間，我又充滿了自信。我決定拋開這幾天來一直縈繞在心頭的無助與挫敗。那個信心滿滿的天才實驗室首席執行長華麗歸來，準備迎接這次面試。

韋恩從我的履歷開始詢問。我猜他事前有與那位人力資源部的女士先溝透過，因為他的第一個問題就詢問我為何沒有念完大學。我極度自信地告訴他，那是因為我獲得了一份關於書籍封面設計的工作，可以直接做該公司藝術總監的學徒。隨著面試進行，我也坦率地承認，職業生涯的第一步對我來說的確是個敗筆，我離開那家公司是因為他們的公司文化與我的個性不相容。在矽谷，事業初期的失敗都是寶貴的經驗。我還和他聊了有關我在部落格上寫書的情況。

之後，我突然打斷他的提問：「嗨！韋恩，你住在什麼地方啊？」這聽起來有點唐突，讓他嚇了一跳。

「你為什麼想知道我住在哪裡？」他問。

「如果我決定接受這份工作，我就要挑個好地點。」我回答。

我都不知道自己怎麼如此的魯莽、冒失，但不管怎麼說，我的自信心很管用，我得到了這份工作，我要加入Google了！伊凡請我到加州與他的團隊會合。Google或許是地球上和我的虛構天才實驗室最為相似的公司了，它擁有無盡的資源、一流的專家團隊和各種機密的開發專案。

@ # ★

幾年之後，伊凡和我決定離開 Google，一起白手起家、共同創業。我是在 Google 上市之前加入的，這次離開將讓我損失一大筆價值不菲的原始股分。但是，我來到矽谷並不是爲了尋找一份安逸的工作，我是來冒險的，幻想擁有精彩的未來，發現另一個不同的自我。我職業生涯的首航就這樣失敗了，但是我的下一段航程便是 Twitter。

@ # ★

這本書並不僅僅是一個窮光蛋變身大富翁的發跡史，這也是一個從無到有的故事，告訴你怎麼結合雄心壯志與現實能力，以及如何看待這個充滿無限可能的世界。對於個人、公司、國家甚至整個地球，努力工作雖然很重要，但創意與夢想才是眞正的驅動力。創造力讓我們變得與衆不同、激情四射，最終讓夢想成眞。這本書講述的正是如何激發並利用我們自身以及周圍的創造力，進而獲得成功與幸福。

我並不是天才，但我一直對自己信心滿滿；更重要的是，我篤信人性。這些年裡，我掌握的最重要的技能就是：學會傾聽他人的想法。我經常傾聽Google的宅男、Twitter牢騷滿腹的用戶、尊敬的同事與我最可愛的妻子的肺腑之言。在事業起步之初，我一直認爲是科技改變了我們的生活。但在創立和引領Twitter前進的五年裡，我逐漸領悟到，企業最核心的價值並不是某項技術或者某個神奇的發明。無論網路世界出現了多少種新機器，其運算程式有多複雜，Twitter的成功從來不是依靠技術領先，而是人性的勝利，並且未來也將如此。在我眼中到處都有好人。我認爲，一家企業既可以成就事業、承擔社會責任，也可以使其工作內容充滿趣味。當這三個願景交相輝映，才不會讓人利欲薰心。只要賦予人好的工具，便可以創造出神奇美好的事物。我們可以改變自己的生活，甚至改變世界。

這本書記錄了關於我的童年、我的事業和與我家庭的一些故事，這其中有機遇、有創意，也有失敗；有激情、有奉獻，也有脆弱；有雄心壯志，也有愚昧無知；有經驗知識、有人際關係，也有理解尊重。這本書描寫了我的心路歷程，以及我對人性的看法。這些領悟讓我擁有對商業運作的獨特視角，深刻理解如何在二十一世紀定義「成功」，並找到人性的幸福與喜悅。這聽起來或許太有雄心壯志了，但當我們對混合動力引擎飛機的研究告一段落時，天才實驗室的目標又更遠大了。我承認，我並不知道所有問題的答案，但這難道不是探究解決問題的最佳態度嗎？

1｜這能有多難

無業人員初到 Google

就這樣，透過一通簡單的電話，天才畢茲在即將上市的 Google 得到了一份工作，至少我本人是這麼認爲的。

在我與羅辛通完電話之後，我認爲自己應該立刻開車去加州，開啓我的新生活。一如預期，我未來的雇主讓我飛到了 Google 總部所在地——加州山景城，與他們見面並敲定了工作細節。

伊凡．威廉斯絕對是我的貴人，在素未謀面的情況下，他就力薦 Google 聘用我。他在機場等我，準備接我去新工作地點。當時我根本沒有想到伊凡會成爲我生命中非常重要的人，未來的某天我們將一起創辦 Twitter。在那一刻，我只單純覺得這趟飛行還算舒適。

我是搭早班飛機來到舊金山的，伊凡開著他那輛金色的速霸路（SUBARU）來接我，副駕駛座上坐著他的得力助手傑森．高德曼（Jason Goldman）。我跳上了後座，大家一同駛向Google。一開始，我就拿我坐飛機時發生的事來開玩笑，話語中夾雜著不當字眼。當時，伊凡與傑森笑著說：「我們剛認識這傢伙不超過五秒鐘吧，他就和我們開這種玩笑？」其實我是想表現出帶點強勢的樣子。我可以看出他們兩人也是興意盎然，彼此關係十分融洽。對此我並不吃驚，畢竟我關注伊凡的部落格這麼多年，知道他是一個待人體貼入微的傢伙。伊凡穿著牛仔褲與T恤，戴副太陽鏡，笑容可掬，開起車來卻像個瘋子。而高德曼的笑聲爽朗，因為他總是以一個高音來收尾。

Google那時還沒有公開上市，算是處於發展初期，但實際上已經順利快速的發展了好幾年。那時尚未建成現在這個漂亮的Google總部，只是一群人擠在一幢普通的出租辦公大樓裡工作。

伊凡向我介紹了辦公室的情況，並把我介紹給Blogger專案小組。在辦公室轉了一圈後，我們兩人一起參加了山景城的一個小聚會，而後開車回到舊金山，在瑪麗娜街區的一家義大利餐廳與他的老媽及女友共進午餐。在一頓佳餚美酒之後，我本想回到飯店休息，因為第二天在Google還有好幾個會議要參加，而且我時差根本還沒調過來，但伊凡已經為我們安排好後面的節目了。

「走吧，我們去下一攤吧，我要帶你看看我最喜歡的酒吧。」

就這樣，伊凡、他的女朋友和我來到一家名爲「醫生的時鐘」的酒吧，開始我們聚會的下半場。我點了威士忌，酒保給我倒了滿滿一杯。

「哇！」我不禁讚嘆眼前的豪華份量。

「物超所值吧？」伊凡說。

凌晨一點四十分，最後一次清場鈴聲響起，這時我們兩人已喝醉了。伊凡醉醺醺地斜靠在椅背上，張開雙臂對我說：「畢茲，這一切都是你的了。」我背靠著牆，看著整間酒吧——燈光朦朧、時髦低調的小酒吧，僅此而已。

「眞的嗎？」我故意嘲諷地說道：「就這樣？」

伊凡的頭一下子歪倒在桌子上，我們都醉倒了。

@ # ★

第二天，我和 Google 各個部門的高階主管足足開了十二次會議。原來，這些所謂的會議實際上是一輪又一輪的面試。我自以爲已經擁有的工作機會其實還不屬於我，僅僅是將我置於 Google 以嚴格著稱的工作申請過程。

但是我發誓，我能通過面試是必然的，我不僅靠著「天才實驗室」來喬裝打扮，我袖子裡還另藏乾坤。

在我和羅辛通電話之前，我從來沒有找過工作，我對面試可以說是一無所知。無論是電話還是面試，我都跟著感覺走。但有種狀態一直伴隨著我，那就是透過「天才畢茲」這個部落格練就的自信心，與一種初生之犢不畏虎的精神。

當然，你可以在名片或者網頁上打上「天才」這個稱號，但你很難憑空展現或釋放出這種氣質，所以，在進行電話面試之前我做了一些功課，以便屆時召喚出我內在的「天才畢茲」。在面試前幾天，我幻想自己在 Google 與 Blogger 團隊一起工作，並持續讓這種幻想盤旋於腦海。而後，我會從公寓出發慢跑，通常是在衛斯理大學校園裡，然後到繞著韋班湖跑上三公里。我一邊跑一邊勾勒著在 Google 工作的情景：在舊金山外陌生的辦公室裡和一群素未謀面的人做著我們喜歡做的事。

大多數的 Google 人都是資訊專業出身的博士，他們都精於程式設計。而我給自己在 Google 設想的角色是使 Blogger 的用戶體驗更加人性化。我假設自己接管了 Google 的官方部落格，並在一個叫作「Blogger 須知」的產品裡加入了「說明」模組，在那裡我將強化服務的人性化。我會賦予 Blogger 獨有的品牌特色（雖然那時我還不太理解其意義何在，但這項內容在我加入的各個公司裡都能找到：對於我們創造的事物，我們都會賦予其象徵意義和溝通的精神）。

以上的假設都有實際作用，你可以預想未來兩年在你身上發生的事。也就是說，你可以想像擁有自己的設計工作室，想像你想加入新創公司，想像你所做的影片在 YouTube 上快速傳播（不管是多麼誇張都無所謂）。當你去散步時，讓思緒如噴泉般湧現，不要做任何設限。如果你讓這種對未來的願景一直盤旋於腦海，你就會不知不覺地開始做一些事，並向你的目標靠近。這種方法眞的有效，至少對我有效。

@ # ★

現在，我眞的走進了我曾想像過的辦公室。當然，辦公室和我幻想的有點不太一樣，我原本希望是……也許就像後來的 Google 總部吧，可是眼前卻是不太好描述的建築群。Blogger 團隊在編號爲 π 的大樓裡工作。在想像裡，我已經和團隊共事一周了。我和伊凡都有同樣的感覺：因爲面試官並不瞭解你所做的工作，所以也很難對你挑三揀四。不過，Google 人力資源部對我的崗位描述似乎有些許困惑，我解釋說我的工作是使產品更加人性化，這讓他們更加困惑了。我在面試中見到的幾位 Google 同仁大多是工程師，他們一般都是在白板上寫寫畫畫，讓電腦解決複雜的程式設計問題，而我對此卻沒什麼頭緒。幾場含糊的面試後，我和伊凡大約在凌晨三點才離開 Google 大樓。

在第一場面試裡，女面試官問：「感謝你前來面試，你要喝點什麼嗎？」「你有阿斯匹靈嗎？」我說道。我很肯定這屬於面試清單上的禁忌，我的回答立刻暴露了我根本還在宿醉。

另一位面試官說：「你知道 Google 爲什麼要收購 Blogger 嗎？」他應該是眞的好奇吧，因爲當時雖然 Google 已經收購過易佳（eja.com）的論壇伺服器，但收購 Blogger 是 Google 第一次同時收購公司加上團隊。我的回答也十分簡單（當然不一定對），我說：「嗯，Blogger 是搜尋引擎的另一半吧——Google 搜尋網頁，Blogger 建立網頁，這樣 Google 就有了更多可以搜尋的資源。」

到了第五場面試，我問面試的人：「你知道你爲什麼要來面試我嗎？」他說：「不知道，我也是兩天前才來這裡的。」我非常清楚這樣的問題在禁忌清單上應該也名列前茅，但或許我和他恰好很合得來呢。

好在當我的面試流程全部結束時，我終於得到了這份原本不可能屬於我的工作。

在幾乎沒有伊凡幫忙的情況下，我——一個沒有受過大學教育，更別提有什麼高學位，也沒有漂亮職業履歷的傢伙，甚至是一個連自己的腰圍都控制不住的人，竟然得到了這份工作！對此我可談不上是十拿九穩，我一向默默無名；但是，我在某個領域有自己獨特的經驗，正是這一點爲我創造了機會。

@ # ★

我很早就發現，命運是掌握在自己手裡的。童年時，我總是一個人在院子裡玩耍，我最喜歡去地下室做一些小發明。我的外公自一九二五年到一九六五年爲AT&T（美國電話電報公司）製造電報機，在我出生前他就已經過世了。我家的地下室就是外公以前的工作室，他所有的工具都在裡面，還有一個巨大的工具箱，裡面有各種彈簧、鏈輪、電線等製造老式電話機所需的工具。我總是想在那個神祕的地下實驗室裡做出新奇的玩意。

凱西是老媽的好朋友，她的老公鮑伯是一名電工。他們家的地下室也是我超愛的「地下實驗室」，那裡充滿了好東西。每次去他們家，我都直接朝地下室走，並且告訴鮑伯：「我有些好點子耶，我們去你的實驗室把它做出來吧。」

我記得有一次，我想用兩個空飲料瓶和一些軟管做出能在水面下呼吸的工具。當我告訴鮑伯我的想法時，他說：「你的意思是要做一個潛水設備？」

我告訴他我還需要一點時間來考慮這項發明的名字，並堅持馬上進入「工作狀態」。他婉轉地告訴我說，要製造出這個東西，我們還需要空氣壓縮機和一些他也沒有的零件。所以，他建議我們做一個用電池供電的燈泡，安置在虹吸式咖啡壺上。這東西雖然不能讓我在水面下呼吸，但它用得上電池和電線，而這兩樣東西我都有。還有一次，我想做一個能飛的東西，但後來我們做出一個接有電池和喇叭的警報器。我們將一個扁銅條塞到塑膠電路板下，並將它們安裝到一個喇叭上，每當有人踩在上頭時，就會接通喇叭，並發出可怕的蜂鳴聲。之後我把它帶回家，放在我床邊的地毯下。晚上我一邊鑽進被窩一邊大叫：「媽，你還沒親我，也還沒跟我說晚安！」

「噢，我的小甜心！」老媽走進來，一腳踩在地毯上，觸動了機關，警報一下就響了。當時她被嚇得差點心臟病發作。

「我的發明成功啦！」我大叫道。

也許是爲了讓這股能量找到宣洩的出口，老媽給我報名參加了一個叫「小小巡邏隊」的活動。這個活動名字取得很模糊，但它既不是童子軍，也不是幼童軍，它有點像偵緝巡邏活動。我不喜歡參加，而且每周去還要付費。在我蹣跚學步的時候，老爸老媽就離婚了，之後我很少見到老爸，可是這個「小小巡邏隊」的活動卻是一個以父子關係爲主題的活動，這讓我覺得很尷尬。

不管怎樣，小小巡邏隊旨在將我們這些白人小孩打造成勇士——我們要親手製作羽毛頭飾，學習如何打結並記住各種口號。你也知道，這些事對小孩子來說很酷。我從六歲到十歲就一直被框限在這個小小巡邏隊裡，而同齡的孩子都在棒球小聯盟、橄欖球賽或玩著其他運動。我並不擅長小小巡邏隊所要求的各項技能，但教官總是讓每個人學著縫補衣服。其他孩子都把補丁縫在他們的卡其布襯衫上，而老媽只是用別針幫我別在襯衫上。

作爲一個單親媽媽，老媽希望我、妹妹曼蒂，以及兩個同父異母的妹妹蘇菲亞和莎曼珊能夠在衛斯理健康成長。這裡非常富裕，擁有全美國最好的公立學校。老媽就是在衛斯理長大的，她深深喜愛這裡的教育環境，她希望我們也能接受最好的教育。但對我來說，我的那些同學家裡都非常有錢，而我家一直靠低收入戶津貼生活。我記得當時有一個公部門的福利計畫，讓學校爲低收入家庭的學生提供免費午餐，這樣我在學校吃飯就不必花錢了。但這個計畫的執行方式讓我很不開心，因爲大家的午餐卷都是綠色的，只有我每周要去一個專門的辦公室拿五張灰色的特殊午餐卷。當其他同學問我爲什麼午餐卷是灰色的時，我就會反過來嘲笑他們的午餐卷是綠色的。我想應該是從那時開始，我逐漸培養出一種幽默的人生態度，用來面對生活中的各種挫折。我還曾經想去失物招領處搜刮一番，找件名牌雷夫．羅倫（Ralph Lauren）的 POLO 衫來穿，否則我就不得不穿著相同款式的牛仔褲和T恤，那樣會讓我看起來和大家格格不入，而且我絕大多數的襪子和內衣都標著「瑕疵品」的字樣。

老媽盡其所能讓我們在衛斯理受到最好的教育，而且只有這樣優秀的教育環境才能接受像我這樣充滿創造力的特殊腦袋。

上高中時，我發現身邊的朋友個個都是書呆子。我知道，透過參加團隊體育活動可以擴展我的社交圈。雖然我是個天生的運動員，而且在「小小巡邏隊」的歲月裡，我非常擅長打半結和縮結，但我從沒參加過團隊運動。籃球場地上畫著那麼多讓人發瘋的線條，其他小孩都知道該站在哪裡、站多久，我卻只能呆呆地站在角落。

足球場上也是，到處都是我不懂的規則。我對此非常困惑，也很焦慮。在參與棒球選拔賽前，我一邊祈禱一邊事先做了功課，但還是於事無補。我用在 Blogger 的幻想術此時還沒派上用場。如果那時我已經覺悟出這項戰術，我會假想自己打出上千個全壘打，然後淡定地看著其他孩子奔跑得分。一如所料的，我沒有被選入任何一支體育球隊。也正是那個時候，我決定與其被動地等待別人挑選，不如主動出擊。

經過一番小小的調查，我發現有一項體育活動我們從來沒有玩過：曲棍球。如果其他孩子也沒有玩過曲棍球，那麼大家就和我一樣對它的規則比較困惑，也就是所有人都站在同一個起跑線上了。於是，我跑去問學校的管理員，如果我能找到教練和隊員，是否就能組一支曲棍球隊。我得到的答案是「可以」。就這樣，我變成了一名曲棍球選手，並被選爲隊長，組了一支實力很強的隊伍（不過，比起運動員，我更喜歡與書呆子爲伴）。

組一支曲棍球隊的決心給我上了一課，那就是——機會是自己爭取來的。

在我的字典裡，「機會」是一種環境，它讓某件事情成爲一種可能。我們可以等待機會，去發現它，然後在某個正確的時間爲之奮鬥。但如果機會就是環境，我們又爲什麼要被動地等待？與其等待然後頂著高風險貿然一搏，你不如先發制人，創造屬於自己的機會。如果你主動去創造機會而不是被動地等待，你就已經處於有利的位置了。

我後來明白，其實這就是創業的核心精髓——成為一個讓環境為你而改變的人。同時，這對其他類型的成功，抑或是生命本身也是一樣的。人們常說「成功是努力加上運氣」，在這個等式中，運氣是指你不能掌控的那一部分。但是，在你主動為自己創造機會時，你成功的概率就開始增加了。

@ # ★

在高中時，我也在努力爭取屬於自己的機會。一九九二年，我考上了美國東北大學（Northeastern University），用好幾個獎學金湊出了我第一年的學費。後來，我又申請到一項藝術類獎學金，去波士頓的曼徹斯特大學上課。

但是，大學生活和我想像的有所不同。每天早上我要搭乘一小時的車到學校。校園是個水泥迷宮，據說是由一個專門設計監獄的人設計的。我到了校園後想做的第一件事就是創作〈白色玫瑰〉，一部描述德國早期反納粹運動的戲。但是負責戲劇學院的女士說，我唯一的選擇就是上她的課，排練她指定挑選的戲。這可不是我想要的。

另外，我在比肯山的一棟陳舊大樓裡面找了份兼職，爲小布朗出版社（Little, Brown）搬重物。我要把滿箱子的書從大樓的閣樓搬到樓下的大廳。那時候是一九九〇年，出版社的藝術部門正在經歷從噴膠技術到電腦繪圖的過度期。在他們那又小又暗的屋子裡甚至還囤著老式的影印機——一種體積龐大且價格昂貴的機器，功能卻和九十九美元的數位掃描機一模一樣。我知道，在他們看來我這種用蘋果電腦來設計書籍封面的人一定非常可笑。於是，有一天我趁著整個藝術部門的人都出去吃午餐時，溜進辦公室找到一張內部訂單，裡面列著一本書的標題、副標題和作者名，並說明了編輯部門對其書封、內容要求的簡要說明。這本書名叫《午夜騎士》（*Midnight Riders*），作者是史考特・弗里曼（Scott Freeman）。我隨便找了個位置坐下來，開始爲這本書創作封面。我先選了一個較暗的背景顏色，然後把「午夜騎士」的標題設計爲綠色大字體，又找了一張整體也偏暗的樂隊照片，放在標題下。搞定之後，我把圖片列印出來，又鑲了個邊框，將它加到其他設計方案裡。然後，就回去繼續搬我的箱子，而那些設計方案將被送到紐約的銷售及編輯部門等待定案。

兩天之後，藝術部總監從紐約回來，他在辦公室裡問道：「是誰設計這個封面的？」我告訴他是我設計的。他說：「你？一個搬箱子的工讀生？」我說我會使用電腦，又在學校裡得過藝術獎學金。之後，他立刻給了我一份全職的設計工作。同時，紐約那邊也選擇了我設計的封面。現在回頭來看，雖然當時的設計方案並不是很好，但他們還是選擇了我。

說實話，我的確得到了一份非常好的全職工作，我該不該接受呢？大學生活到目前爲止仍是令人失望的（這時我想起自己在荷蘭見過的一個創業者，他告訴我一句荷蘭的俗語：「誰不合群就砍了誰的腦袋。」）。在這裡，我可以和藝術總監一起工作，他應該是個碩士吧。通常來講，人們上大學就是爲了得到一份我現在獲得的工作，而接受這份工作就等於三級跳；更何況在這裡我能學到的東西更多，也能做我想做的事情，遠勝在大學裡隨波逐流。於是我立刻退學，進入了小布朗出版社。這也成爲我人生中的最佳抉擇之一。

我並不是鼓勵大家都要中途輟學。我也可以選擇在大學裡努力當一個資優生。我來到出版社工作，是因爲我認爲這可以改變人生軌跡，而這些選擇一定要尊重我自己的意願。選擇退學進入職場，是掌握自我命運的另一種方式。在我看來，這是爲自己製造人生機遇的一個典型案例。

這就是我爲什麼會組曲棍球隊、創作喜劇、創辦屬於自己的公司，或是在工作時保持積極主動——這遠比按部就班地應付常規工作更富有創意，也能夠獲得更多的回應。相信自己，也就是那個天才的你，這意味著你在擁有靈感之前先要擁有足夠的自信。爲了激發靈感，就得先要爲這個靈感安排足夠的空間。例如，我想參加球隊，但我從來沒參加過，那麼我該如何實現願望呢？我不喜歡我的工作，但我對工作中的某一小部分還挺喜歡的，我要怎麼做呢？機會從來不會出現在工作布告欄上，也不會突然從電子信件的收件匣裡跳出來。最偉大的機會就在於你自己，努力挖掘你的夢想便是第一步，也是朝夢想邁出的最大的一步。當你意識到這個道理，一個充滿可能性的新世界就展現在你面前了。

正是這種方法讓我在二〇〇三年進入了 Google。

@ # ★

我已經在 Google 安頓下來，但現實生活中的畢茲還在掙扎。天才實驗室並不是一個眞實的存在，麗薇亞和我還有近萬美元的信用卡負債，而且我只有一輛無法長途勞累的破車。我正在追逐著一個機會，一個我用信心和絕望混合創造的機會。

我想要一輛更大的豐田汽車，一輛豐田矩陣（Toyota Matrix），這樣就能從東海岸開到西海岸，但前提是得找個二手車交易商賣掉我的老款豐田汽車。我對汽車交易商說：「我就這麼一輛車，手頭也沒錢了，我把舊車給你，剩下的，你就幫我弄一個新車貸款吧。」

「還差五千美元。」他說道。

我打斷他說：「我眞的沒有錢，一丁點都沒有。」

「那至少要補兩千美元。」

我又一次禮貌地打斷他：「如果我還有任何一點錢，我肯定會付給你，但我眞的沒有，不但沒有錢，我連信用卡都已經刷爆了。」

最終，他還是買下了我的老豐田車，並給我車貸方案，他自己也承認這樣做的風險很大。但時間會再次證明一切。

我想，這是我自己的未來，只有我會來爲它埋單。

2 每天都是全新的

成為圖書封面設計師以及離開 Google

「可再生」就像聽上去的那樣：可以自然而然地重新補充。儘管我們無時無刻不在消耗著地球上的各項資源，但只要一想到「可再生」這個詞，你會不會感覺好一些呢？「重新補給」這個概念會不會給你一些慰藉呢？

「來源非常多」，「可以說是用之不竭」，「我們正過著一個可持續發展的生活」。當我們考慮地球上的資源時，上面這個觀點非常重要，它也同樣適用於我們的工作和生活。這個觀點最終促使我決定離開 Google。

@ # ★

我在 Google 的 Blogger 團隊工作了兩年。直到 Google 上市前，我和麗薇亞還一直處於負債的狀態，我們的生活條件也比想像的差許多，事實上屬於中等偏下的水準。

在搬到舊金山之前，我問過伊凡和傑森我們應該住在哪裡。看上去，山景城的市區是最佳選擇，那裡離Google總部非常近，但傑森和伊凡自稱對舊金山瞭若指掌，他們對我說：「你當然應該住在米申區呀，兄弟！」

米申區的環境對我們來說有點複雜，這個地方可以說是高不成低不就。嬉皮們已經搬進那裡，夜裡還時常傳來槍聲——或許是直接針對嬉皮的吧。對於伊凡這樣在內布拉斯加州長大的人，他總是幻想大城市的燈紅酒綠；但對於麗薇亞這樣一個從小在紐約長大的人來說，她已經受夠了都市，希望過得更鄉村化一些。所以，我們搬到了另一個城市，想選擇一個不但寧靜而且四面環山的小城。而後我們看到一處不錯的地方——波特雷羅山，它緊鄰米申區。從網路上的圖片看來，那裡有一條漂亮的街道，街邊有一間老式熟食店、一間家庭雜貨店、一家轉角書店以及一間看起來像喬志．貝利（George Bailey）在經營的信貸公司。

透過在網路上搜尋，我找到了一處位於波特雷羅山的樓中樓，約有一百四十平方公尺，但一個月的租金只要一千三百美元。天吶！我一直想住樓中樓，而且它的房間號碼是1A，這樣我們可以住在一樓，不用爬到高樓上去。並且，只要走出房屋的前門，就能看到迷人的波特雷羅山。

我一邊祈禱著，一邊撥通了房東的電話。房子還沒租出去！我們立刻把房子給租了下來。我和麗薇亞非常開心，想像著我們將要西行，住進那間我們還能勉強負擔得起又非常酷的樓中樓。

但是，我們忽略了波特雷羅山的方向。波特雷羅山的市中心是在北坡的山腳，而我們租的地方是在南坡。從南坡到北坡的唯一方法就是徒步翻過山頂，可是山的坡度都快超過滑雪道了。我不怕爬山，就當成多做些有氧運動，但每次爬完山我都想吃一塊昂貴的鬆餅，這我可負擔不起。

至於我們期待已久的樓中樓，其實是夾在兩幢別墅中，俯瞰著一條高速公路和一間煉油廠，我們窗外的風景就是一片工業廢棄地。

同時，這間樓中樓還是住辦兩用的，住在隔壁的傢伙是個樂隊成員。你猜他玩什麼樂器？對，是鼓，你太厲害了！他整夜玩著吵得震耳欲聾的音樂，而且還有隻吠個不停的鬥牛犬。

眞正致命的錯誤則是我們對公寓樓層的理解：我們以爲1A就是一樓。事實上，這棟樓建在一個懸崖旁邊，所以一入大門是往下走的，我們從九樓進入建築，然後一路走到底層的一樓——我們租了一間要下九層樓的公寓！每天，我們都要從爬九層樓作爲一天的開始。

我在山景城上班，那是一個環境優美的小鎮，有商店、咖啡店和每周一次的農夫市集。如果住在那裡，該多麼完美，而且租金可能更低，我只需騎單車就能上下班。可是，我們偏偏沒有那麼做。

麗薇亞和我搬進這幢公寓後一年半的時間裡，我們連件家具都沒有添置，信用卡負債就像一個無底洞，蠶食了我們的全部收入。直到Google在耶誕節給每位員工發了一千美元的獎金，我才敢在回家的路上肆無忌憚地買了一台電視。回到家我們把電視放到地上，用電視的包裝紙箱當餐桌。在生活上，我們只是勉強糊口，還養了一隻小貓。好在不管怎樣，我還能把豐田汽車的油箱加滿。我們也沒有剩餘的錢再去購買什麼「奢侈品」，比如說一張床，我們一直睡在樓中樓上層的地板上，幸好還有地毯。

當我睡在地板上的事在Google傳開後，有位同事遞過來一罐咖啡，同事們還湊了八百美元讓我去買床，這種令人驚訝的友善讓我非常感動，但我別無選擇地用這筆錢償還了已逾期幾個月的購車貸款。家中的其他家具，就只有我從公司拿回家的那兩張花俏的懶人椅。坐懶人椅和睡地毯的日子維持了整整一年多，直到我從Google拿到了一筆大錢。

我是在二〇〇三年九月加入Blogger團隊的。二〇〇四年八月十九日，Google終於衆望所歸地上市。在我的工資中包含一份爲期四年的股權授予計畫，我有權以十美分一股的價格購買Google的股票。當Google上市時，我正好處於授予期的第一年，而股票的價格此時已躥升到一百多美元一股。到了第二年，股價翻了近三倍。每個月，我都可以賣掉我持有的一部分股票。於是我拿起電話告訴股票經紀人「請賣掉吧」，然後掛斷電話對女友說：「麗薇亞，我剛剛賺了上萬美元。」就這樣，我終於慢慢還清了所有的信用卡負債。

這裡好像缺了點什麼，那就是我在第一份工作中所投入的熱情——爲了它，我從大學退學，心甘情願地爲小布朗出版社的藝術總監工作。

@ # ★

當我以一名設計師的身分來到小布朗出版社的第一天，我走進藝術總監的辦公室，他舉手示意我到他辦公桌前，接著一語不發，也不轉身，只用他的左手越過自己的右肩，從身後的書架上抽出一本書來。他就像《星際大戰》裡的「絕地大師」一樣，沒有正眼看我一下。他拿出的這本書是一本彩通（Pantone）色票。他一定有想要找什麼顏色，因爲他開始認眞地查閱起來，我則站在一旁靜靜地看著他一頁頁地翻著色票。終於，他找到了自己想要的，將手放在淺褐色和棕褐色的區域，並把這一頁色票撕下來，放在桌子上，不動聲色地將其中一張巧克力色的色票推向我，然後一本正經地對我說道：「我就要這種顏色的咖啡。」

噢，天呀！我放棄了一份可觀的全額獎學金，並且輟學，難道就是爲了去甜甜圈店問服務生是否能煮出這種顏色的咖啡嗎？

三秒鐘後，這些想法在我腦海不停擴散，我開始想：是不是能找家小咖啡館，讓他們在咖啡中放入適量的奶油，看看能不能調出這種顏色？就在這時，藝術總監大笑起來。

「我和你開玩笑的啦，你把我想成什麼樣的爛人了？」從此，我成了他的學徒，他開始指導我一些新的思考方式。這位藝術總監叫史提夫・斯奈德（Steve Snider），我們兩人一起並肩工作了兩年多。

書籍封面設計讓我明白，完成一項設計有無數種方法。在設計書封時有幾個要素要考慮：首先，藝術性方面要先讓設計人員自己滿意，還要讓作者和編輯部門滿意，因爲他們負責審定封面的內容；同時，還要讓行銷部門來判斷，看看是否能吸引讀者，是否符合此書的定位和有助於推廣銷售。有時候設計師會覺得很沮喪，因爲他們的工作會被其他部門全盤否定。「這群白癡、笨蛋！」設計師在辦公室裡喃喃自語，「這是多麼棒的設計！」或許設計本身確實很好，但行銷和編輯部門的同事在各自的領域也都是行家，我從史提夫那裡學到的就是先假定他們的意見確實是合情合理的。

某次，史提夫告訴我，他曾做過雷夫・羅倫（Ralph Lauren）的自傳，而且非常有靈感——他想出六種不同的書封，以六種不同學院風格的顏色打底，在封面左上角放著的品牌經典馬球徽章，封底印有雷夫・羅倫的照片。這設計非常前衛，但編輯否定了這個想法。不過，史提夫仍爲他的創意而驕傲，他也理解他的設計不可能被所有人接受。

有本書叫《包裝設計大全》（*The Total Package*），作者是湯瑪斯・海因（Thomas Hine），它解析了世界上各類包裝設計。爲這本書設計封面時，我選了一個裝布丁的小紙盒，把它全部展開、壓平。我想模仿紙盒展開的模樣做一個書封，附帶盒子上的條碼以及為了測試墨汁顏色而留下的彩虹般線條。我自己對這個設計也非常滿意，但最後他們還是沒有採納我的創意，只是用了一個簡單的包裝盒形象，配以簡潔的黑白雙色。但我認為我的努力並沒有白費，並把這個設計放入我的個人作品中，我始終覺得這個創意很酷。

史提夫讓我明白，一個設計沒有被採納並不是什麼問題，這其實是個機會，因為我的工作並不是做一個藝術家，以完成一件作品來取悅我自己。真正的挑戰是我完成的設計不僅要讓自己滿意，而且行銷和編輯部的人也要認為這個方案很完美，這才是真正的目標。史提夫經常對我說：「你的目標要比你的自尊心大。」當一件作品讓各個部門都滿意，才算是真正的成功。

每當史提夫和我被設計案「卡住」時，我們也會嘗試激發自己的靈感。我們準備好一個表框，然後透過它看辦公室裡的事物。用餐櫃的木紋做背景是不是個好選擇？用外面的藍天怎麼樣（史提夫．斯奈德後來就以藍天白雲為背景，為大衛．福斯特．華萊士〔David Foster Wallace〕的《歡樂無限》〔*Infinite Jest*〕這本書設計了封面）？

有時候，書籍設計的案件有明確的限制。比如有些人會說：「這本書你一定要用這張照片，因爲這張照片是編輯的姐姐拍的，沒有商量的餘地。」可是照片實際上毫無藝術性可言。

這時我會說：「沒問題，把它交給我吧。」然後，我就把藝術性放在一邊，並試圖重新拆解拼接，這樣整體感覺就非常酷了。所以，事情總有另外一種解決方式。但我感覺我的創作力遠不僅於爲每本書做五個封面設計，我總會多做幾個備選。如此一來，我很快學會了不要太在意那些沒有被選中的設計方案，我從不把提案被駁回放在心上，因爲我的創作力是無限的，我希望想出更多的新點子。我覺得自己有成百上千種靈感，我能這樣工作一整天！這就是一種做事的態度。

符號設計對於任何行業來說都是一種非常好的積累和準備，因爲它會讓你明白，任何問題總有無限潛在的解決方案。有時候我們會猶豫自己是否偏離了最初的想法，或是偏離了我們的認知，但解決方案並不一定就在我們面前或是過去使用過的。例如，我們僅僅依靠石油作爲最佳且唯一的能源，那麼我們肯定會完蛋。我在設計工作中也引入了這種思維——不斷挑戰自我，嘗試在每一天都用新的方法去解決問題。

創意是一種可再生資源。所以，每一天你都要不斷地挑戰自己。盡可能去創造吧，因爲你的創意永遠不會枯竭。經驗和好奇心會驅使我們去創造意料之外、非同尋常的關聯，讓我們不再按部就班，而是充滿創造力地邁成功。

史提夫成了我的導師，每天清晨他都會督促我努力工作。我們也成了生活中的好朋友，周末還會一起打網球。雖然他大我三十多歲，但我們很合得來：我從小在單親家庭中長大，沒有父親的陪伴；他有兩個女兒，但他卻非常想要個兒子。某次他帶我一起去紐約辦公室提案我們設計的書封，路上我問了他很多問題，不僅僅是關於設計，還有生活方面的。例如：「你怎麼知道何時應該向女友求婚呢？」「你的第一份工作薪水多少？」提問是免費的，為什麼不問呢？

在史提夫的鼓勵下，我離開了小布朗出版社，以封面設計為業，成為一名自由工作者。我很快擴大了自己的接案方向，開始做網頁設計。當時是一九九〇年代末，每種新業務都需要網頁設計。我本來打算開家乾洗店，但是我敏銳地發現人們的閱讀習慣正在改變，而且網路也興起了。當我的朋友取得了大學學位並打算創立網頁公司時，我已經開始設計和建立網站了。之後，我們一起創辦了Xanga。學習封面設計讓我走上了這條人生之路，也造就了今天的我。

「無限的創意」是驅動我每天加倍努力的源泉，這一動力在二〇〇五年更加強大了。那時我還在Google的Blogger團隊工作，我終於擺脫了像瘟疫一樣折磨我的債務危機。

同時，我一直被Google各種神奇的人物深深吸引著。當時有位員工叫西蒙・凱勒恩・菲爾德（Simon Quellen Field），他自稱「老傢伙」，我剛到Google的第一天就見過他。我問他在Google是做什麼的，他回答：「我也不知道，大概是一些需要博士學位才能做的事吧。」西蒙留著灰色的絡腮鬍，灰白的頭髮紮成馬尾，一隻鸚鵡總是站在他的肩頭。他聲稱自己在洛斯阿圖斯（Los Altos）有座屬於自己的小山，他就住在山頂。他還有個很大的鳥舍和一個鸚鵡養殖場，裡面有各式各樣的鸚鵡。

午餐時，我常遇見沃德瑪（Woldermar）在一旁練習雜耍，我走過去問：「你在這裡雜耍，不會覺得奇怪嗎？」

「不會呀！」

「我感覺有點彆扭耶。」

「喔，一點都不會啦。」

「好吧，待會見。」

米沙（Misha）的個子矮矮胖胖，挺著個大肚子，留著絡腮鬍，還有一口濃重的俄羅斯腔。自從我在Google的內部網路發了篇文章，他就一直關注我（那文章是關於無論你喜歡與否，當你去面試或約會時，對方都能在Google引擎上搜尋你的資訊；同樣地，你應該也要有權力這樣做。我曾建議Google允許使用者把個人名字的搜尋結果連結到社交網站的個人首頁，這樣使用者就可以自行編輯和擴充網頁上的個人資訊。我將這個產品稱為「Google面具」。我始終認為這是一個好構思，也把這個作品放在我的個人書架上，就在史提夫為雷夫．羅倫自傳設計的封面旁邊）。米沙讀了我的發文，開始對我產生興趣。他攔下我說：「畢茲，來，我們兩人聊聊。」

和一個俄羅斯人一起聊天？為什麼不呢？

從那以後，我就經常和米沙一起散步、聊天。我們有時會從鸚鵡男和雜耍男身邊從容地走過，他有時也會說：「畢茲，我發明了一種新方法來表現時間。」正是米沙這樣的人造就了Google。

儘管在Google的工作收入很穩定，但更令人欣喜的是能見到各路能人。可惜我總覺得在 Blogger 團隊工作好像缺少了些什麼——我似乎沒有機會做到每天都去挑戰自我。

@ # ★

我嘗試用一種方式來滿足這個欲望，那就是定期和伊凡進行腦力激盪，討論我們離開 Google 後會做什麼。二〇〇五年的某天下午，他和我一同搭車從山景城的 Google 總部回到舊金山的家。伊凡還是開著他那輛黃色速霸陸，我則坐在副駕駛座。

「你知道如果有個內置的麥克風，人們能把自己的聲音用 Flash 軟體上傳到網路上嗎？」我問道。

「知道。」伊凡回答道。

「那好，我們就建立一個空間，讓人們錄下任何他們想錄的東西，再在我們的伺服器上把這些資訊轉換爲 MP3 檔。」

「沒問題。」

「我想我有了一個很天才的點子。」我說道。

「說來聽聽，我給你當軍師。」伊凡對我的任何想法都洗耳恭聽，但他通常不會太過興奮，因爲他本身就是一個深思熟慮、思維縝密的人。

當時我們正行駛在聖馬特奧附近的一〇一號高速公路上。我深深地吸了一口氣，繼續說道：「像 iPod 這樣的隨身聽越來越流行，我們應該利用它使人們記錄事情變得更輕鬆，包括談話、唱歌、採訪，或者任何他們想記錄下來的資訊。假如很多人都這樣做，我們就可以把這些即興的錄音檔整理成 MP3 了。」

「繼續。」伊凡說。

「我們把這些錄音集中在一個地方，並展示給別人看，這樣其他人就能訂閱他們所喜歡的內容。」我向他解釋技術上如何實現，並使這些錄音檔在人們的電腦和 iPod 上同步。

最後，伊凡的眼睛瞪得大大的，臉上滿是「哇，這眞是個好主意」的讚嘆表情。

「現在你知道我的點子了吧。就像 Blogger 讓網頁全民化一樣，我們也可以將音訊全民化。任何人都可以擁有屬於他自己的播音秀，讓其他人透過 iPod 去收聽他的播音秀，這就是完整的故事。」

「這可能有戲。」伊凡是一個不會輕易被打動的、難搞的傢伙，但這次我確實打動了他。

「就跟你我有個很天才的點子吧！」

@ # ★

我們一回到城裡就開始搜尋關於這個點子的資訊，卻發現我並沒有自己想像的那樣「天才」，因爲這個點子已經有其他人想到並開始做了，他們稱其爲「播客」（Podcasting）。但我們仍認爲播客的市場遠遠不僅於此。

伊凡諮詢了他的一個朋友諾亞・葛拉斯（Noah Glass），當時已經透過 FLash 軟體在網頁流覽器上製作語音留言空間，並爲他的產品命名爲「音訊部落格」，人們可以在部落格裡上傳自己的音訊檔。但他尚未考慮到將錄音綜合起來以便讓人們透過 iPod 去訂閱這些音訊。

當天晚上，伊凡打電話過來，當時我和麗薇亞正在樓中樓裡煮晚餐。

他說：「諾亞和我正在整理你在車上提到的那個想法，你要不要過來一起商量一下。」

我瞄了一眼鍋裡燉的花椰菜、馬鈴薯和肉，看起來很美味，而且我超餓。「嗯，」我說：「你們先聊吧。」這一刻就好比在矽谷斷了自己的財路，討厭的花椰菜！

@ # ★

Blogger 被 Google 收購時，伊凡已賺了一大筆，可以做他想做的任何事（是的，他在 Google 上市後買了一輛銀色保時捷。你不能責怪一個來自內布拉斯加州的男孩給自己買一件「大玩具」，當他已經是個百萬富翁）。他後來做的事情就是離開 Google，和諾亞一起組成團隊，創立了一個播客公司，名叫 Odeo。

就在伊凡給我打電話後很短的時間內，他已經募集了五百萬美元，和諾亞一起創立了 Odeo。這一切都發生得太快、太突然了，我感覺我錯過了「上船」的好時機。他們在沒有我的情況下創立了新公司。確實，Google 是個偉大的地方，是個炙手可熱的公司，在這裡我沒有老闆，拿著最多的獎金，如果我不想去上班就可以不去。我還有兩年的股票期權，我在 Google 會很輕鬆，而且能賺很多錢。如果我選擇離開，放棄這一切，加入一家剛剛起步的公司，很可能不會成功，甚至會失敗（爆雷：最後的確是失敗了）。但是，我希望每天都能迎接新的挑戰。

想想你現在的工作處境，你的創造力是不是像原油一樣（一種不可再生的資源）需要小心保護？還是像無窮無盡的太陽能一樣可以廣泛使用？在目前的環境中，你的創造力是否可以茁壯成長？這裡每天有足夠的空間容納你的新想法嗎？你能創造這樣的空間嗎？我搬到加州工作就是爲了和伊凡一起工作，不是爲了待在Google。相比股票期權和安穩的工作，這一點對我更重要。在我坐下來等待股票期權變現的同時，我可能會錯過和伊凡一起創立公司的大好機會。是的，我爲Blogger帶來了人性化的一面，但網站已經按照這種方式運行得很好了。放棄一份穩定舒適的工作看起來像胡鬧，但這個決定可不簡單，而且一開始可能還沒有什麼進展，不過，這最終會是一項偉大的事業。我需要新的能量，現在就是開闢新天地的大好時機。

我打電話給伊凡：「我要離開Google，加入Odeo。」

「太棒了！」他說。

就這樣，我離開了Google。

就算一切從頭，這依然可以說是困難的轉變。如果不是將「安逸」、「穩定」、「平和」這些字眼完全拋之腦後，做出這樣的選擇常常會讓人嚇破膽。二〇〇三年我進了Google，或許我應該要待在那裡，但我對自己的未來有信心（畢竟我已經決定過一次自己的未來，並最終還清了我的豐田汽車的貸款）。是時候該做點新的嘗試了。

這時候我和麗薇亞已經還清了所有的信用卡負債，結束了在波特雷羅山需要下九層樓才能走到的樓中樓租約，在帕羅奧圖租了一間公寓，我也終於開始騎單車上下班了。經歷了兩年多在舊金山和山景城之間的穿梭後，我現在可以開車從帕羅奧圖回到位於城裡的Odeo，節省了上下班的時間。

這樣，我們又一次面臨搬家，因為大多數房東都不願意讓我們帶著中途動物入住，我們也覺得很麻煩，於是打算自己買房子。我問麗薇亞這次我們要選在哪裡，畢竟我的信用記錄太差了。她最終選擇了柏克萊。麗薇亞在聖拉菲爾的一家野生動物保護協會當主管，那裡其實是一間野生動物急診室。它和一般的動物醫院不同，人們不會帶一隻痴肥的家貓來，然後叫醫院想辦法讓牠活到七十歲；可當人們碰到受了傷的野生動物，比如松鼠、老鷹、貓頭鷹或是臭鼬時，他們就會把這些動物帶到野生動物保護協會來。但保護協會的工作人員對這些動物並沒有一套標準模式（怎樣才能為海鷗裝上一條義肢呢），野生動物保護協會是個非營利組織，在一般情況下，他們都是臨時想出解決方案，比如要治療一隻腿受傷的小老鼠，他們可能會用一九七七年的牙醫配件幫助牠。麗薇亞熱衷於幫助他人、救助生命，她滿懷的利他主義也不斷地啓發著我。

那時候，我們兩人照顧著兩隻流浪狗、兩隻流浪貓和一隻撿來的烏龜。有時我們還會養幾隻兔子、烏鴉和齧齒類動物。所以，我們把節省下來的錢當作頭期款，但只能買一間不到八十平方公尺的房子。這間房子原本是一間大套房的保姆房，還有一半是車庫。

我永遠不會忘記我就是在那間房子裡慶祝自己三十二歲的生日。大多數情況下，照顧小動物都是麗薇亞負責的，但那一周她要去參加一個醫學會議，只好由我來照顧這群小傢伙，這讓我體會到她的工作其實很不容易。其中一隻狗總是會突然抽筋，而另外一隻狗又有點神經質，老是想咬人，還有一隻貓因爲被車撞過導致大小便失禁。麗薇亞把牠們留給了我，外帶車庫裡的五隻小兔子。小兔子非常可愛，但牠們還太小，母親又不在了，所以需要透過針筒來餵奶。還有幾隻烏鴉，爲了能讓牠們過冬，我只能在我家和鄰居的籬笆中間搭建一個很大的鳥舍。這鳥舍對烏鴉來說是足夠大了，但每次我都要彎著腰進去給牠們餵食，而且這些鳥食中混合了爛魚肉和水果，散發一股惡臭。麗薇亞曾經叮嚀我：「不管你做什麼，千萬別惹這些烏鴉，牠們的翅膀受傷了，禁不起來回的拍打。」所以，我必須小心翼翼地取下夾住的食盤，放上新的鳥食，然後再放回去。但總有倒楣的事情發生。有一次，一群黃蜂被鳥食吸引過來，牠們圍著我，我必須保持平靜，還不能惹惱烏鴉。結果，我花了二十分鐘才把餐盤復位，而在這二十分鐘裡，我受盡了大黃蜂的寵愛。

麗薇亞離開的第二天就是我的生日。凌晨兩點，老狗佩卓開始抽筋。我只穿著一條內褲就衝到樓上，發現佩卓正伸著舌頭，兩眼圓睜。我還以爲牠死了。我按照麗薇亞的做法抱著牠。突然間，佩卓拉肚子了，狗屎噴的我全身都是。這時電話響了起來，是麗薇亞的回電。正抱著狗、渾身是屎的我接了電話，還要竭盡全力不讓屎沾到電話上。就在這時，佩卓的抽筋停止了。「我們很好。」我對麗薇亞說完這句就立刻掛上電話。在我清洗身上的狗屎時，佩卓已開始興高采烈地四處奔跑。

Odeo剛起步時給的薪水，對買新房的我們來說遠遠不夠，麗薇亞和我又回到了靠信用卡度日的狀態裡。但是，如果賭注不是這麼高，又怎麼能算作我命運中的一次突破呢？我選擇了承擔高風險和迎接挑戰，而這個選擇對我來說是值得的。

3｜Twitter的誕生

Twitter的輕鳴

我從沒有爲離開Google而感到後悔，但我們的新公司最終還是難逃失敗的厄運，這對於我來說是非常重要的一課，其意義遠遠超過商業運作和創業的基本原則。

一開始，Odeo有大概有十二名員工。這時，播客開始變得流行，早期的客戶還是以科技怪咖（geek）爲主，而當一種產品或服務開始在網路上流行時，就會產生一種風險，像蘋果這樣的超極大公司，他們會組織最好的研發團隊衝入並占領市場。但我們還好，蘋果公司對播客不感興趣。想來也是，蘋果爲什麼要在自己的主流作業系統中加入這種「小把戲」呢？當時，蘋果公司看起來對社群媒體並沒有什麼興趣。

但讓我們吃驚的是，在二〇〇五年下半年，蘋果在其iTunes中引入了播客應用程式。在我們看來，這本是人們進行交流的一個資訊平台，但在蘋果眼裡這是人們聆聽專家演講、廣播以及娛樂的地方。對蘋果的設計者來說，播客就是這樣一個應用程式。而且，播客的普及也印證了他們的看法是正確的。

這種發展趨勢對我們這間小公司來說是致命的打擊。當人們都在用 iTunes 時，他們爲什麼還要來用 Odeo ？提防大公司不是我要學的東西，也不是我關注的重點。伊凡透過挖掘播客的另外一種功能，來讓人們重新關注 Odeo ——這種方式就是人們可以透過 Odeo 的播客得到與他們志趣相投的人推薦的資訊。我們強烈地感到蘋果公司不會爲播客的社交功能太花心思，因爲它們甚至沒有爲此在自己的蘋果相片應用程式開發其他共享程式。所以，我們只有做一些 iTunes 不大會涉及的功能產品才有可能成功。

這是一次非常正確的商業轉型，但在那個關鍵時刻，這並不算什麼，因爲 Odeo 還面臨著更爲棘手的問題，甚至比一個擁有龐大資金的競爭對手帶來的威脅還致命。

伊凡和我，還有幾個其他團隊成員，我們實際上對播客都沒什麼興趣，我們既不收聽，也不錄音。有一個不爭的事實是，好的音訊需要好的設備。收聽泰瑞‧葛羅斯（Terry Gross）的節目是種享受，可如果有個傢伙在自家地下室裡，除了一個劣質的麥克風外沒有其他音訊設備，嘮嘮叨叨地講上一個小時，那麼收聽這種節目絕對會讓人備感煎熬。

我們缺少一樣東西，而它對於成功創業卻是不可或缺的，這種東西的重要性遠遠大於音訊的品質，它就是感情投入。如果你對你正在做的事情並不熱愛，如果你自己都不是自家產品的忠實粉絲，那麼即便事情都已經做得很到位，最終你還是會以失敗告終。

@ # ★

對任何自己不感興趣的事情，我都無法投入。記得高中時有一次，政治課要寫一篇論文，這讓我很困擾，因爲題目實在太無聊，我很難投入到寫作當中。如果我找不到方法讓自己喜歡這個作業，大概就要不及格了。

於是，我決定寫一篇有關社會治安的論文，並且用《蝙蝠俠》漫畫裡的內容作爲我的原始素材。一旦我設定了自己感興趣的話題，這篇論文便順利地完成了。

@ # ★

伊凡和我那時還沒有意識到，其實我們對播客的興趣不大。當蘋果加入了播客功能時，伊凡寫了一份備忘錄，並傳閱給團隊中的一些人。這是一份非常好的商業計畫，如果 Odeo 依照這個計畫將業務重心放在社交發展上（社交發展是指基於使用者的流覽資訊，提供一些專屬推薦，和亞馬遜賣書的行銷手法一樣），將會取得成功。我讀了之後，覺得這是個不錯的計畫，應該也會奏效。

某天晚上，伊凡和我去了舊金山，找一間我們兩人都喜歡的小店，想吃點壽司，再喝上幾杯威士忌。我帶了他寫的備忘錄，準備問他幾個問題。

「伊凡，我眞心喜歡你的這個方案，我覺得很棒，應該能成功。」

「謝謝。」

「如果按照你的方案執行下去，我們將成爲播客界之王。」當我說「播客界之王」這個詞時，做了一個很誇張的手勢，還模仿了國王說話的語氣。

「哇，你眞的覺得這方案有那麼好？」伊凡有點得意。

「是的，」我說：「但我有個問題要問你。」

「什麼問題？」

「你眞的想成爲播客界之王嗎？」我問道，因爲我也問過自己同樣的問題。

伊凡喝了一口手中的威士忌，放下酒杯，笑了起來，「不，我根本不想當什麼播客界之王。」他說道。

「我也不想。」我回應他。我知道我們現在討論的話題非常重要，如果不是一件可以讓我們熱血沸騰的事，我們又怎能投入全部的身心呢？而與此同時，這個新發現讓我感到一絲絲興奮：如果我們不感興趣，我們就無法前進。

伊凡也意識到了這個問題，他不再笑了。他把頭埋在手掌中，發出嘆息。我明白這聲嘆息中的含義，「你說的對，那現在該怎麼辦？」

伊凡恐怕是這個世界上極少數能和我一起工作的人。我之前提到過，他總是給我充分的自由和空間去產生瘋狂的想法。如果我說「等一下，假設這裡沒有重力」，伊凡就會說「繼續說下去」。他很欣賞我腦力激盪的能力和直覺，他也知道在這些看似風馬牛不相及的話語中很可能蘊含著可行的創意。所以，我們是很好的搭檔，我站在雲端，他則腳踏實地。

伊凡對於我天馬行空的想法總能給予足夠的耐心。那個晚上也是這樣。

「我們可以甩開 Odeo，用新的想法重新創業。我們有一個很好的團隊，資金方面也還算充裕。」

起初伊凡對這個點子感到很興奮，但接著他又皺著眉說：「是不錯，但我們從投資人那裡募得的資金是用於創辦一家播客公司，我們不能再用人家的錢嘗試一些沒把握的項目。」

他說的很對，如果那樣做，我也會感覺很不舒服，所以我繼續拋出我的建議。

「也許我們有辦法全身而退。我們要向自己、團隊、投資人、董事會以及所有人承認我們不想再幹了，然後把公司賣給眞正喜歡播客的人。」

伊凡決定認眞地思考我的提議，之後我們就結束了晚餐。

一周以後，伊凡下定決心告訴董事會他不想再擔任 Odeo 的首席執行長了，如果董事會同意，他會幫助他們找到一個合適的人選。但董事會沒有答應，投資人就是看好伊凡和他的想法才投入資金的。所以，最終決定是雇用中間人爲 Odeo 尋找一個買家。

在這期間，伊凡做了一個決定，這個決定永遠地改變了我的人生軌跡。他告訴團隊成員 Odeo 的董事會正忙於爲 Odeo 找下一個買主，然後他建議大家做一個「駭客馬拉松」。伊凡像打氣般鼓舞著大家的士氣，他建議保留主要幹部以維持 Odeo 的正常運營，保障 Odeo 的使用者體驗，而剩下的人員則要啓動一個「駭客計畫」：每兩人組成一個小組，用兩周時間編寫程式，實現我們所有的想法。這絕對是個超級好主意，因爲他鼓勵我們去追尋夢寐以求的目標。如果伊凡是因爲我們對播客這個產品不是很感興趣才設計出這個挑戰的話，我將舉雙手贊成，因爲他也在懷疑這樣熱情是否能擦出火花。最終，事實證明我們是對的。

在 Odeo 有個工程師叫傑克．多西（Jack Dorsey），我們兩人從一開始就特別合得來。傑克非常安靜，但也特別愛笑。大多數的周末我們都膩在一起，聊聊我們之前的一些創業經歷或是一些失敗的點子，還在 Odeo 合作完成了一些很小的項目。這就好像在學校裡選搭檔一樣，你一定會選擇自己最要好的朋友。我非常想和傑克一起完成「駭客馬拉松」，但是我們能一起做什麼呢？

故事講到這裡可能顯得亂糟糟的，因爲當伊凡宣布啓動「駭客馬拉松」之後就是午餐時間了，大夥兒走出去吃飯，我當時並不在場。但很明顯的，在吃飯期間傑克向他們分享了他的想法和創意。當傑克回到辦公室時，便來問我是否願意和他做搭檔。

我說：「當然，我一直覺得我們應該一起合作。你想做什麼方向的產品呢？圖片部落格？但我覺得這東西又有點設限。」因爲沒有太多的時間，所以我想設計出操作簡單、介面簡潔的產品。「我們可以做一個手機網路，一個你在手機上就能使用的小型網路，就像針對手機用戶的個人空間一樣。」

傑克說：「這個主意聽起來很酷，但我還有個好主意。」他把我帶到他的筆記型電腦前，對我解釋。我們一起看著他的即時通好友名單。這裡有一個小功能叫「狀態」，你可以在狀態列裡留下資訊，比如「不在位置上」或是「外出吃飯」等，這樣你的朋友就知道為什麼你無法即時回覆他們的留言了。

傑克的好友中大概有六、七個人設置了個人狀態。傑克指出，除了「離開」或者「忙碌」外，人們還喜歡改寫其他資訊——有的人改成「感覺很無聊」，也有人改成「正在聽歌」等。傑克說，他只要掃一眼好友的狀態列，就會知道他們現在正在做什麼。他問我，我們是不是應該做一個類似的產品，一個可以發布自己的狀態也可以看到好友狀態的產品？

我喜歡簡單並且有想像力的想法。事實上，這讓我想起了之前發展的兩個小型部落格專案，它們雖然進入研發過程，卻沒有生成任何有價值的產品。在去Google以前，我原本準備做一個「部落格邊欄」（Sideblogger）的小程式，可以讓人們在那些字斟句酌的部落格長文旁邊快速地貼上自己的碎碎念；後來到了Google，我在

Blogger團隊中也曾推廣過在手機上使用小型部落格的專案。

@ # ★

當傑克還是個孩子的時候，他對城市如何運轉以及如何調度計程車這些事非常癡迷。如果你能把計程車的調度協調好，你就能掌握這個城市的脈搏。他喜歡這個狀態功能，因爲它能夠架構出一張社會模擬圖，也能記錄及反映人們的行爲。而我對於人與人之間透過應用程式進行的特殊交流非常感興趣。傑克說：「而且它還可以是Odeo的產品，因爲你可以在你所寫的文字中加上一小段錄音。」

我卻說：「不，如果我們眞的要做這個，就應該做得超級簡單，不要音訊。」

傑克笑了：「好吧，不要音訊。」

我說：「我會開始研究出概略的模型。」

傑克說：「我來研究怎麼樣能做得更簡潔。」

起初我們設想這個產品可以讓你透過手機向朋友更新你的狀態。網站只是一個歡迎介面，人們可以透過手機號碼註冊。但誰會隨便來到一個頁面，然後把手機號碼留給我們呢？我們兩人否定了這個想法。我開始尋找其他的方式能讓人們更新狀態——網頁介面，即時訊息……但我們所說的狀態應該要是更便利的，所以，最有可能的解決方案就是透過手機發簡訊。

如果一個人透過他的手機簡訊將「狀態」描述發送給我們，我們就無須再詢問他的手機號碼，因爲我們已經知道了。而且，最早註冊時只能透過簡訊，之後我們發現此產品也應該支援人們在電腦網路上更新狀態，而且還能同時將這個更新發送到手機。

這樣我們的產品就定型了。傑克和我決定做一款產品，可以透過手機簡訊來更新狀態。我會設計這個應用程式的介面，人們在那裡可以看到他們所交換的狀態資訊；而傑克會設計出將簡訊和網路進行雙向連結的功能。這簡單多了，而且我對這個產品的興趣和熱愛遠遠大於播客。

諾亞·葛拉斯是和伊凡一同創辦Odeo的合夥人，Odeo也是他命名的，因爲Odeo的發音和英文的「音訊」（audio）這個詞很接近，視覺上也非常具吸引力。所以傑克和我找到諾亞，希望他來爲我們這個新項目取名字。

與此同時，我們在一間蠻有意思的辦公室裡趕工。它位於南方公園一百六十四號，離公園沒多遠，只隔著一間殼牌加油站。這間辦公室建在由周邊其他房子外牆圍出來的庭院裡，所以屋子的內牆就是其他房子的外牆，有的牆上甚至還留有原來牆上的窗戶，我們可以透過這些窗戶看到其他房子裡的內裝。辦公室的前廳是木頭地板，天花板很高，整間屋子大而開闊。有些人也許覺得這屋子很酷，但我當時沒這種感覺。地板上的地毯用了很久，原本的淺綠色都褪掉了。地下室還有老鼠。後門正對著的小巷是流浪漢的藏身之所，街道上四處散落著針頭，還有很多排泄物。如果你現在再去同一個地方，那裡已經有很大的變化了——不僅蓋起了公寓和飯店，還進駐了幾家風險投資公司。但在當時，這地方是非常糟糕的。

在我們進駐此處之前，上任房客把小房間改造成類似商店的風格，鋪著夾板，到處都可以用來堆放回收箱，你可以把後門的玻璃門關上，防止噪音干擾。這樣的小「窩」，就是諾亞經常待著的地方。

我們在小房間討論著。「產品的名字聽上去應該要快速且急促。」我和傑克說道。這個名字要能抓住創意的核心，只要你的朋友剛剛做了簡單的更新，你口袋中的手機馬上就會發出提示音。諾亞列了一個小單子，都是些急促的狀聲詞。

「Jitter 怎麼樣？」諾亞說道。

「力道好像有點重，你覺得呢？」我說。

「Flitter、Twitter 或者是 Skitter。」諾亞一邊看著電腦，一邊尋找著和「Jitter」同韻的詞彙。

「Twitter，」我興奮地重複。這個詞讓我想到小鳥的輕鳴，同時它還有「短小瑣碎的對話」的意思。「這個詞太完美了。」我讚嘆道。

但諾亞還是偏好用「Jitter」或者「Jitterbug」，他覺得我們產品的目標客群是青少年。但我覺得這種定位並不合適，因爲我們對青少年一無所知，我甚至不喜歡這兩個詞：「目標」和「青少年」。

這是個駭客馬拉松，而且我對「Twitter」這個詞也情有獨鍾，之後其他人也都認同了這個選擇。現在回想起來，那番對話眞是簡短且隨意。

@ # ★

在兩周的駭客馬拉松過程中，傑克和我都緊緊把握住一個原則，就是讓人們只需輸入一個簡碼——五個手機上的數字或字母，就可以把訊息發送給我們。我們開始想用「Twttr」這五個字母，傑克找到網站註冊記錄，去查詢這個名字是否可用，結果發現它已經被《青少年雜誌》（*Teen People*）註冊了。我們又嘗試了其他字母組合（比如「Twitr」等），但後來都放棄了。我們要選一個容易記憶的，而且用一隻手即可輸入的代碼。後來，我們想使用「40404」，4和0這兩個數字在手機鍵盤上的距離非常合適，用拇指就能完美輸入。我們還考慮過把伺服器命名爲「40404」，傑克偏好它的簡單，但「Twitter」聽起來確實更好。最後，我們決定還是用「Twitter」。

當傑克製作幕後程式時，我負責建立模組以展示這個產品的功能。我們一起工作的時候，會坐在旋轉椅上滑到對方的桌子旁邊討論方案，我也會把電腦螢幕轉向傑克，問他：「這個設計看起來如何？」我盡力保持設計的質樸、簡單，並以白色爲主色調。我們兩人都很喜歡這類方案。通常我總是比較興奮，傑克則相對冷靜。我負責搞笑，傑克則負責笑。如果我興奮起來，就會像個孩子一樣跪在自己的旋轉椅上轉圈，嘴裡不停地碎念著我的想法；傑克則會正襟危坐在自己的椅子上，雙手緊扣或是平放在桌子上，除了輕輕笑幾聲外，幾乎面無表情。有時，我們也會在城市街道漫步，討論著我們的天馬行空。

我總是說得更多：「不，那是個壞主意。等等，那應該是個好點子，它是個好點子嗎？」伊凡和傑克是同一類人，我負責讓思緒狂奔，他們則充當篩檢程式，他們都有足夠的耐心傾聽我的廢話——我甚至沒有給他們插嘴的機會。

@ # ★

兩周的期限很快就到了，傑克和我還沒有完成方案的原型，好在我已經完成了Twitter 的網頁模擬版。在接下來的駭客馬拉松成果展示會上，同事們分別展示了他們的項目。其中有一個人（我猜是亞當．雷加爾）甚至嘲弄我和傑克設計的這款產品。他設計的產品叫作「友情聊天室」（Friendstalker），如果我沒有記錯的話，它的功能是將你朋友的發文整理到一個固定的地方，這樣你就可以集中瞭解全部好友的網路動態。佛洛安・韋伯做了個一個程式叫「掉鏈」（Off Da Chains），我根本沒弄明白它是幹什麼的。另外一個小組則用「群組」的理念做了一個產品。

當輪到我們向 Odeo 的同事展示 Twitter 時，我起身將筆電接上投影機，開始展示我們的產品。整個產品雖然還沒有完全成型，但沒關係，展示稿足以讓我展現透過手機將個人狀態發送到網上的全部流程。

展示稿的第一幕是顯示我們的網頁狀態，最上面寫著：「你正在做什麼？」你可以在這個問題後面的空格裡填寫你的狀態。我輸入「在示範」，接著我按下了提交鍵，另外一個螢幕的最上方立即顯示出：

在示範

這行字下面是之前其他人測試留下來的狀態，然後是一條線，線下面是我的好友的一些資訊。

然後我說道：「這是傑克的手機。」我點到下一張幻燈片，上面顯示了傑克的手機，手機螢幕上也顯示「在示範」，當然這是修改過的圖片。

接著我透過他的手機發送「正在午餐」到「40404」，而幻燈片的下一頁展現的是另一個網頁介面，上面顯示傑克「正在午餐」。

就是這樣，我們示範了在手機和網頁之間的資訊傳遞。我把產品稱之為「Twitter，Odeo 出品」。

其他同事對這款產品的印象不算太深，有些人認爲這個創意太簡單，應該加入些更有趣的元素，比如影片或者圖片。我們解釋說，這個產品的核心要點就是簡潔。總而言之，當時這個產品並沒有被大家完全接受。

即便如此，傑克和我還是想繼續完善這個產品。即使是在坐地鐵上班的路上，我也在思考 Twitter 的各種層面，從使用者介面特徵到我們想實現的功能（如果我們這樣做，我們應該就能做到這樣。等等，這應該行不通，那麼我們應該怎麼做呢）。列車已經開得不能再快了，我恨不得從蒙哥馬利站飛奔到南方公園站。每一天，我都充滿著新的幹勁，雖然當時我還不能清晰地勾畫出產品的完整模樣，但我卻有一個不可動搖的意念，一種強烈的感覺。之後，我知道只有對工作的完全投入才能使我有如此的動力；但礙於我當時沉醉於工作，竟沒發現到。

傑克和我在工作中喜歡相互配合。我們都很興奮，希望能夠把這個創意付諸實踐，直到做出一個具有完整功能的版本。向大家做完產品展示後，傑克和我私下與伊凡進行了一次溝通，希望可以一起繼續完成 Twitter。伊凡同意了。我們準備做出一個真正的測試版並試運行幾周。就這樣，兩周的駭客馬拉松項目讓 Twitter 誕生了。

我們的辦公室是一間開放式的樓中樓，在辦公室的後半部有一層夾層。伊凡和我就在夾層上的那一層工作。我總是時不時地走到他的桌旁去「騷擾」他，只有這樣我才能從他那來自內布拉斯加的安靜腦袋裡榨出些有用的資訊。

大概在駭客馬拉松之後的一周左右，我走到他那邊，坐在一個瑜伽球上，問他出售 Odeo 的事情進展的如何。他告訴我，董事會在尋找買家的進展上不是很順利。很明顯，我們並不是唯一對播客缺乏熱情的人。如果沒有人買下公司，那就意味著真正的失敗——我們在 Odeo 上花費的錢將血本無歸，而且投資人也永遠不會再願意進行投資了。這就是我要和伊凡確認這件事的原因——很多重要的資訊、想法以及憂慮都藏在他心裡，他從來不主動與他人分享。

「我已經想盡了各種可能，」他說：「但沒有結果。」

我們兩人坐在那裡沒有說話，安靜了好一會兒——他一動也不動，我則在瑜伽球上面彈上彈下。接下來換我看著他。我不知道他有多少錢，但我覺得他應該很有錢，因爲他把 Blogger 賣給了 Google，才換來了 Google 的股分。

我說：「Odeo 倒是有一個現成的買家，只要我們願意。」

「你沒聽見我說的嗎？」伊凡問道：「我剛剛告訴你，沒有任何買家。」

「有，就是你。」我說：「如果你自己買下 Odeo 呢？這樣投資人就可以拿回他們的錢，我們的信譽也能完好無損，還能做我們眞正想做的事情。」

伊凡也覺得這麼做還是有些好處的，或許在我提出這個想法之前他自己也這樣考慮過。但退一步講，這種處理方法的確不太合乎常規——創業者一般不會從投資人那裡募集資金，創立一個不怎麼穩固公司，然後再從風險投資人那裡把這間公司買回來。如果這種買回的方式被認爲是負面的，這將傷害到伊凡的聲譽和他未來的職涯發展。

所以，我建議他，我們對外聲稱自己又成立了一家創新育成公司，然後計畫收購 Odeo。既然整個過程看起來那麼明顯，我們乾脆就將這家新公司命名爲「Obvious」。

對我來講，這個計畫是可以立刻付諸行動的，因爲我壓根就沒錢去做這件事

——儘管當時除了我的信用卡很清楚之外，其他親朋好友根本不知道我沒錢。實際上，那時我又要靠借錢去償還我的信用卡了，我的借款利息非常嚇人，高達百分之二十二。我算了算，如果我每個月都只還最低還款金額，那麼我要花二百多年才能還清所有的信用卡負債，我的子孫後代都要來替我還錢。所以，我只好找伊凡借錢，我們還簽了一個合法的借款協議，而且他給了我一個非常仁慈的利息。

抛開我個人的財務狀況，如果我把我的名字加到這樁生意裡，那麼這可能會讓伊凡覺得舒服一點。如果事與願違，我會和他一起背上罵名，我們會一起被看作蠢蛋（實際上，事情就是這樣發展的）。

之後，Obvious 向投資人提出了收購 Odeo 的意向，並表示全盤收購 Odeo 所有五花八門的專案產品（其中包括 Twitter，當時沒人覺得它有什麼價值可言）。Odeo 當初募集了五百萬美元，收購時還剩下三百萬美元；而 Obvious 的收購價是二百萬美元左右，投資人幾乎可說是全身而退。這件事做得很漂亮，投資人也都很滿意。最終，伊凡爲 Odeo 找到了買家——一個加拿大的公司給了伊凡一百萬美元。這等於伊凡只用一百萬美元買下了 Twitter ——考慮到 Twitter 現在的價值，這絕對是筆好買賣。

回頭再來看看我的變化。我從波士頓的小布朗出版社起步，然後開始做我自己的網頁設計，又在 Xanga 蜻蜓點水混了一陣子，而後在衛斯理大學工作，又去過 Google、Odeo，再到現在的 Obvious。現在，我終於開始了讓我如癡如醉、全心投入的工作。到了二〇〇六年春天，Twitter 這個小項目也終於得到了全公司的認可。Obvious 的新進員工也都投入到 Twitter 中，進展突飛猛進。

二〇〇六年三月二十一日晚上十一點四十七分，我們首次完成了手機和 Twitter 網頁的連線。我當時在家加班，用即時通和傑克聯繫。當傑克的第一條 Twitter（我們叫作「訊息更新」）出現在我的螢幕上時，我異常興奮，也用即時通訊回覆了傑克，這句話正是當年貝爾（Alexander Graham Bell）打出第一通電話時對他的助手所說的：

華生先生，請來一下──我需要你。

之後，我發現我並沒有非常準確地引用這句名言，但激動人心的進展激勵著我們全心投入早期 Twitter 的創辦和營運上。我離開 Google 加入 Odeo 就是爲了追求具有創意的「肥沃土壤」，我在 Odeo 沒有找到，但在 Twitter 起步時找到了。當然，我曾非常渴望加入 Blogger 團隊並在 Google 工作，也曾爲了 Odeo 而離開 Google，那些都是因熱情所驅動，但這次我的感受有些不同。這次是深入的、因一項發明而產生的興奮，任憑創意自由流淌。這讓我感到自己所做的事情都是有意義的，而且很酷——這有點像墜入愛河。我沒有非常肯定我所追求的是什麼，只知道「她」站在了我的面前。

起初我們並沒有買下「twitter.com」的網域名稱，因爲一名鳥類愛好者已經擁有了它，所以我們用「twttr.com」爲名。有一次，諾亞建議我們換個拼寫方式，像「Flickr」那樣，用「Twttr」這個詞，但我更希望它的名字是一個在英文字典裡能查到的單字。後來，我們從那個鳥類愛好者手中把「twitter.com」的網域名稱買了下來，我在部落格中寫道：「我們買下了元音。」

有很長一段時間，Twitter 首頁一直保持著我們最初設計的樣子，不斷更新著使用者的最新推文。的確，這就是我們原本的宣傳賣點。比如，有個人寫道：「誰是喬伊？我爲什麼要在乎他早餐吃了什麼？」我們學到的就是有個人眞的在乎喬伊早餐吃的是什麼，「追蹤」鍵讓大家彼此熟悉對方。

在我們第一次形成「追蹤者」（Followers）這個概念時，我們對這個定義有一番討論。有些人覺得我們應該叫他們「聽眾」，但實際上他們不是在聽，而是在閱讀這些更新；而「訂閱」（Subscribe）聽起來又太呆板。我贊成用「追蹤」（Follow）這個詞：「你在追蹤、關注這個人，就像你追蹤新聞、追蹤球賽一樣。現在，你追蹤畢茲．史東。」

@ # ★

這種激動人心的感覺——一種我在播客上沒有找到的快樂，一直貫穿於 Twitter 的誕生過程。記得有一天，那是在早期的測試版階段（在 Twitter 上線之前，只有我們幾個人在使用這個產品），當時麗薇亞和我還住在位於柏克萊像小盒子般的公寓裡，那間屋子超熱，而我想改造一下家裡的環境。

我回想著電視節目《老屋換新》（This Old House）的片斷，想把家裡的地毯換下來，露出下面迷人的硬木地板。我用一把大剪刀在地毯中間劃出開口，然後開始了一項艱巨的工作——就是把那些固定地毯的釘子一個個拔出來。當我把整個地毯都毀了之後，才發現它下面根本沒有硬木地板。

當然，木已成舟，我決定先把地毯捲起來。正當我彎著腰，在熱浪中大汗淋漓，咒罵著自己的愚蠢時，我牛仔褲口袋的手機震了一下，我看到了伊凡發的一條推文：

我在納帕谷按摩之後喝了點葡萄酒。

我當時的窘境是如此眞切，和伊凡的愜意完全相反，但這反倒讓我大笑起來，以至於麗薇亞認爲我瘋了。事實上，我得到了一個啓發：在那一刻，我意識到爲什麼自己其他的創業經歷都失敗了，但 Twitter 會成功——因爲 Twitter 帶給了我快樂。我日日夜夜努力打造的應用程式竟然可以在這個窘迫的下午讓我開懷大笑，可見我對這個項目的確是投入了全部的身心。

@ # ★

柏克萊那個酷熱之日在我的記憶中占據了獨特的地位，就是在那一天我意識到了情感投入的價值。你知道什麼是值得去追尋的，或許你並不確定爲什麼要這麼做，但這並不重要。投入熱情去工作不一定能保證獲得成功，但如果沒有投入全部的身心，那麼你一定會失敗。

全心奉獻是最核心的要素，它能帶領我們克服前方最困難的挑戰。起初 Twitter 也受到了嘲笑，有人說他是網路版的影集《歡樂單身派對》（Seinfeld）——一個什麼也不是的網站。看起來這是一種侮辱，但我無所謂，還把這個評語加到了網站首頁。我把這看作一種嘉獎，因爲《歡樂單身派對》無論何時看都是非常有趣的。不管 Twitter 網站癱瘓了多少次，我們都會一而再再而三地努力修復，並不斷地解釋其癱瘓的原因。我的信念一直支撐著我不斷前進，如果這份工作能夠給我帶來快樂，那麼我就可以戰勝任何艱難險阻。我對這個專案的熱情讓我對任何有關 Twitter 的愚蠢和無用的評價都產生了免疫作用。我，一個對於成爲「播客之王」提不起任何興趣的人，卻一心想要成爲 Twitter 的締造者。這就是最有說服力的一課。

通常，人們在從事某項工作時都不會去想究竟是什麼在激勵著他們。很多人只是看到律師和醫生的高薪，就走上那條路，最終卻發現自己非常厭惡這項工作。這讓我想到了經常出現在《每日秀》（The Daily Show）節目中的喜劇演員德米崔．馬丁（Demetri Martin），他畢業於紐約大學法律系，但他沒有成爲一名律師，而是成爲一名出色的喜劇演員，彈著夏威夷四弦琴，還擺弄著木偶。

也許是因爲能賺錢，也許是因爲父母的安排或是機會使然，你選擇了某一個職業。你很可能小有成就，但當你對這份工作漸漸熟悉之後，你會開始覺得有些不對勁，這就像有人破壞了你手機裡面的GPS一樣——你被鎖定在某個方向上，但你並不知道自己要去哪裡。當你感覺路線不對，而你的自動導航系統引導你誤入歧途時，你必須搞清楚哪裡才是自己的終點。讓自己置身事外，從一個更高的位置思考你的生活方向，思考你眞正想要去哪裡。全面的看看整張地圖——路線、交通、終點站。你喜歡去那裡嗎？那個終點是你喜歡的嗎？是不是應該調整你的座標？或者，你現在正在一張完全錯誤的地圖上前行？

GPS是個不錯的工具，但如果你不是那個輸入導航資訊的人，你就不能依賴它來爲你的人生導航。世界原本很大，但如果你的人生路線已經被提前設計好了，那麼你可能無法眞正地去認識這個世界。給自己一個機會，改變既定的路線，尋找可以讓你眞心投入的目標。

如果清晨醒來，你沒有爲新的一天來臨而感到興奮，那麼你就應該想想你是不是走在錯誤的道路上。怎樣才能找到屬於自己的人生之路呢？我認爲，每個人都要回歸本心，想想你最愛做的事情是什麼，將它描述出來，別在意這件事能賺多少錢。或者可以這樣想：什麼樣的人會與我一起工作？我們會在一起做什麼樣的工作？我會如何工作？人們會如何形容我所從事的工作？

也許你理想的狀態是在靠近海邊的一間時尚辦公室裡工作，在你身後的牆上掛著自行車，中午你可以騎著單車出去繞繞，辦公室裡甚至還有衝浪板，大家圍坐在一起談笑風生。你還可以描述你對工作所有的幻想。你會說：「今天過得很有趣，但我們要開始努力工作囉。」

那會是份什麼樣的工作呢？你應該要考慮在一間小型廣告公司工作，這樣的地方聽起來像創意產業或者與它類似的行業。

一旦你內在的熱情被激發出來，那麼無論何時，你都會意識到你追尋的夢想。當你體驗到那種持久的滿足感時，你就不會再爲其他的事情所牽絆。

4—限制與創造力

魔法數字一四〇和推特體

我們給 Twitter 制定的第一條不能改變的規則就是：每條資訊不得超過一百四十個字元。

限制條件可以激發人們的創造力。面對一張白紙，第一筆往往最難描繪。哪怕只有一項條件設置，也可以引領我們奔向不可思議的前方。

現實中有很多類似的例子可以支持這種說法。我記得在某個地方讀過這則消息：史蒂芬．史匹伯（Steven Spielberg）拍攝電影《大白鯊》的時候，爲了讓這頭怪物襲擊人類的場景更眞實，他一度想要製作一個巨型的、擬眞度極高的機械鯊魚。但做那樣一個巨型機械鯊魚將會嚴重超過拍攝預算，所以史匹伯選擇了一種低成本的解決方案。他決定在水面下以鯊魚的角度來拍攝，表現出鯊魚快速地向上靠近游泳者，對美味的人肉垂涎欲滴。猜猜怎麼樣？這樣看起來反倒更可怕！而這些鏡頭的成功正是源於拍攝成本的限制。《紐約時報》最近拿《大白鯊》開玩笑，聲稱如果是今天再來拍攝，影片開頭肯定是西亞．李畢福扮演的搖滾明星和他的超模老婆出場，然後用電腦3D技術類比放大鯊魚的利齒，以近景呈現鯊魚把他們撕成兩半的血腥場面。這多沒創意啊！

再來看看另外一個故事。當演員哈里遜．福特在拍攝《法櫃奇兵》時，在突尼西亞僅僅三個月的拍攝期，都讓演員們感到異常忙碌和辛苦。有一天，在拍攝一場漫長的刀槍搏鬥場景時，福特累得實在無法堅持拍攝，於是絕望的他建議當他面對著揮舞刀劍的敵人時，他就簡單地掏出手槍，擊斃敵人，結束這場戰鬥。這種簡單的處理方式成爲這部影片裡最經典的場景之一。

我記得小時候，有次我們全家外出吃飯，去麻薩諸塞州一家名爲「城堡」的餐廳用餐。餐廳的牆上掛著法蘭克．辛納屈（Frank Sinatra）的天鵝絨繪畫，桌子上擺著由用餐墊做的菜單。爲了打發等餐的無聊時光，老媽遞給我一張餐墊，又從她的支票簿裡取出一支筆，叫我隨便畫點什麼。

「我要畫什麼？」我問。

「畫什麼都行。」老媽回答。

但是我的大腦就像那張白紙一樣一片空白。我又問：「我到底畫些什麼好呢？」

最後老媽說：「畫輛大卡車吧。」這激發了我的靈感，我馬上開始畫了。但我畫的根本不是大卡車，或許我從來沒想過要畫一輛大卡車，但是有限制的選擇，讓我有了下筆的靈感。在設計書封時，我也有過類似的感覺。我喜歡他們說出自己的要求，比如想要雙色封面、或者什麼樣的封面都無所謂，但一定要有輛大卡車。

@
#
★

在商業世界，你必須在規定時間內完成所有的項目，你的投資會受到預算的限制，你的團隊有人員限制，你可以發揮的空間也有限。但是，這些限制條件反而會促進生產力，並提高你的創造力。例如，平常人們寒暄時會問：「你今天過得怎樣？」大多數人的回答都是：「還好啦。」但如果給這個問題加上限制條件：「你和史提夫的午餐如何？」你將聽到更多有趣的回答。

@
#
★

有一次，赫爾曼．豪澤爾（Hermann Hauser，ARM微處理器公司創辦人）和我共進晚餐。他公司的電子晶片技術幾乎適用於所有的手機，他也是來自英國劍橋科技園區「矽晶溼地」（Silicon Fen）的百萬富翁。「讓我告訴你，我們是怎樣發明這種完美的手機晶片的。完全是個意外！你知道我給了我的團隊什麼嗎？那就是：沒錢、沒時間、沒資源。」

由於受到種種限制，工程師研發出一種低功率晶片，它根本不適合在電腦上使用，卻非常適合在手機上使用，結果這種晶片壟斷了市場。

擁抱人生的各種限制吧。它們是創造力，是自然規律，符合成本效益的原則，並且能夠自我強化。它們富有煽動性，也極具挑戰性。它們讓你覺醒，讓你更有創造力，讓你遇見更好的自己。

@ # ★

我最欣賞的藝術家是安迪．高茲渥斯（Andy Goldsworthy）。他通常會在野外環境中使用自然材料去創造屬於在地的藝術雕塑。他的每一件作品都相當有挑戰性，其創作過程都異常艱苦，對他的忍耐力有很大的考驗。他依靠雙手把湖面上兩公釐厚的冰層破開，緊接著把破碎的冰塊雕塑爲一個比普通人還要高的冰球。他還在蘇格蘭的樹林裡搭建了一座蜿蜒的石牆，他從一顆小小的卵石開始堆疊，最後更用上笨重的巨石。他還收集了紅色的樹葉，把紅葉的葉柄綁在一起，穿插在樹上。他的作品可能會被風刮走，融化在陽光雨露中，甚至會化成泥土。但是，這種貼合自然的短暫讓他的作品散發出某種特殊的美感。

高茲渥斯想透過這些強烈的藝術形式告訴我們什麼呢？我們如何能過我們想要的生活？他幾乎沒有使用什麼複雜的素材，然而，從那些簡單的創作中，我們卻體會到了平和與美麗。很多人的生活都被太多的雜物占據了，那麼，我們的生活到底需要什麼？不需要什麼？大家通常都認爲限制條件就是要放棄某些東西。但想想看，如果丟掉你的遊戲機，你將有更多的時間來享受生活。因此，擁抱人生的各種限制吧，放棄那些不必要的東西，你將能剪輯出自己人生的藝術。

@
#
★

限期兩周的「駭客馬拉松」創造了Twitter。從Twitter誕生的第一天起，推文字數就有限制，但並不是大衆所熟知的一百四十個字。

從一開始我們就知道，國際資訊準則的規定是一百六十個字，因爲它受制於網路頻寬或者某些技術因素。當發送的資訊超過規定的上限時，營運商就會把它們拆成多條資訊傳送。

我們希望Twitter成爲不受任何設備條件限制的應用程式，不管你的手機配備多爛，都可以閱讀或者發送Twitter。一百六十個字的推文限制早已存在了。一開始，Twitter用戶可以用滿這一百六十個字，除了我們自動給用戶加上的用戶名、冒號以及一個空格外，剩下的字可以由大家自由使用。

有一天，我忽然對傑克說：「這是歧視長ID，有些人只是因爲用戶名比較短，就可以擁有更多的Twitter文字空間。」

傑克說：「好問題。我們應該設定標準。」我們認爲，用戶名通常會占用十五個字元。但是我們只給了使用者一百四十個字的空間，而不是一百四十五個。我們只是簡單地選擇了這個數字，並沒有使用什麼數學魔法，不管是設定一百四十個還是一百四十五個字，都一樣簡單，我們僅是隨意選擇而已。第二天，傑克就發信通知所有人，我們把 Twitter 的文字空間限定爲每條一百四十個字。

一百四十個字的限制成爲非常偶然的公關手段，它看起來很神祕。爲什麼是一百四十個字？這個限制能激發人們最大的創意嗎？記者經常開玩笑，說：「非常榮幸採訪你們，但我說的內容可能要超過一百四十個字的限制了。」這種玩笑能讓氣氛更好，不過我們的回答可能比記者預期的還要有趣。我們會談論簡約、限制、全面普及以及設備自由等。一百四十個字的小創意總能很好地達到穿針引線的作用。

除了那些技術因素，我認爲字數上的限制對於 Twitter 的成功有巨大貢獻。從一開始，字數限制就成爲 Twitter 讓人又愛又恨的焦點話題。在前六個月裡，一種被稱爲「推特體」的文字出現了，這是一種用滿一百四十個字空間的俳句。字數限制激發了人們的想像力，創作了一種和諧的韻律以及具美感的節奏。二〇〇六年，我們與《史密斯》（*Smith*）雜誌合作，在 Twitter 上推出了「六字回憶錄」的活動：

受限的自由人。——畢茲・史東

一百四十並不是一個魔法數字，但這種限制將人們聚集在一起。這是一種挑戰，用一百四十個字講述你的人生故事，任你編輯。那麼，到底哪些故事是值得講述的？如何利用這有限的空間向他人介紹自己？哪些需要講，哪些可以不說？Twitter 並不是發表長篇大論的平台，所以，它的重點是什麼？我們必須拋棄那些無謂的鋪陳，只講關鍵的內容，這讓所有人都成了詩人和出謎者。

5｜大家都在用 Twitter

西南偏南互動大會上的奇蹟

二〇〇七年三月，我第五次去南方參加在奧斯丁舉辦的「南方音樂節」（South by Southwest Interactive），這個大會原本以其音樂和電影而聞名。像我們這隊擅長眞正的互動技術的人看起來就像一群書呆子，和那些穿著皮衣的音樂人一起在飯店大廳辦理入住手續，顯得格格不入。假如有人硬要說我們很酷，還眞是太牽強啦。

當然，還是有很多來自舊金山灣區的科技怪咖出席了西南偏南互動大會（SXSW），我們希望可以見識到一些新東西或是遇到一些志趣相投的夥伴。白天這裡有一些主題講座和小組討論，但實際上精彩的都在晚上。一些新創公司會舉辦酒會，讓你和業內夥伴同聚一堂，因爲回到公司你就只會不停地埋頭苦幹。然而，這樣就會出現一種詭異的情況，那就是你趕了一千五百公里的路和某人喝上一杯，但這個人的辦公室其實就在你的辦公室樓下。

那個春天，有很多人都在說 Twitter 是如何愚蠢、如何無用。人們爲什麼要用這個軟體把自己每天的日常瑣事分享給別人呢？但這時已經有四萬五千人註冊並使用 Twitter。大多數比較活躍的用戶都是那些早期試用者，這些人都和灣區的科技怪咖一樣喜歡嘗試新技術，而且只是因爲它是新產品。

早在做 Blogger 的時候，我們就曾經在西南偏南互動大會上以主人的身分辦過酒會，但此刻的 Twitter 還不足以撐起一場酒會。當我們策畫展示計畫時，伊凡拋出了個主意：我們不要在會議廳裡舉辦活動，而是在走廊辦一場視訊展覽。這絕對是靈光一閃的好主意！依照慣例，大多數公司都是在大會議廳裡面擺一個小攤位，但依據我們過往的經驗，大會白天的活動大多是在各個會議廳之間的走廊裡展開的。人們往往聚集在走廊談論著他們聽到的話題、看到的產品、朋友出席的活動以及晚上的酒會在何處舉行。他們還會靠著牆，用筆電回覆信件，順便處理工作。

於是，我們決定在走廊裡擺上一組大平板顯示器，建立 Twitter 推文的直播節目，這樣出席活動的人們就可以即時看到他們在西南偏南互動大會上發出的推文了。

之前從來沒有人在會議廳之間的走廊展示自己的產品。我們直接和大會討論使用走廊的方式——在這之前我們從來沒有爲 Twitter 在行銷推廣上花過半毛錢，而這次一下就要花掉一萬美元，這對當時的我們可是筆大數目，但我們還是決定這樣做。

在抵達之前，我設計了一個版面來展示推特人的特點（就像我們形容推文那樣）——如鳥兒一般在雲端自由飛翔。我們希望展示出來的推文都和此次西南偏南互動大會的活動相關。所以，我們設定了一個特別的功能，在給 40404 發訊息時要鍵入「參加西南偏南互動大會」，這樣就可以將這些人組建成一個群組，而且只有他們的訊息可以出現在大螢幕上。

爲了讓整件事情更有意思，我們還邀請了十二位頂尖的科技怪咖作爲這個群組的「種子」，他們都是玩 Twitter 的高手。比如知名部落客羅伯特．史考伯（Robert Scoble），他的部落格「Scobleizer」在我們這個圈子裡非常流行。當你加入西南偏南互動大會群組時，你會自動關注這些充滿號召力的 Twitter 大使。我們希望這些大使在活動期間使用 Twitter 時，大廳裡的其他人也會在大螢幕上注意到他們發出的訊息，並想追蹤他們，而後大家也會期望自己更新的推文會出現在走廊的大螢幕上。

@ # ★

在大會召開的前一天晚上，傑克和我開始調整這些大螢幕。我們準備用自己的筆電控制直播，但我們需要解決如何使筆電的內容最終顯示在走廊的等離子螢幕上。這些可是大型可移動的視聽設備，對於那些高科技玩家來說都是一件棘手的問題，更不要說是連電視這樣簡單的設備都搞不定的我了。所以，事情比我們想像的更難：我們是用「插口二」還是「插口三」？怎樣才能顯示全螢幕？情況完全一團亂，我們的測試推文也沒有出現在螢幕上。

直到凌晨三點，我們還在調整螢幕，也沒時間吃飯。我只有一根小得可憐的能量棒，傑克和我只好一人一半。

終於，我們解決了問題，我們的測試推文顯示在八塊等離子螢幕的第一塊上。所以我們決定第二天一大早就回到大廳完成所有的調整工作。

第二天一早，只睡了四個小時的傑克和我迷迷糊糊地走進了大廳，準備在第一個與會者抵達之前全部搞定。但這時，我們發現 Twitter 的伺服器當機了。這當然是我們經常面對的問題。

Twitter 當時還有很多問題。在剛上線的時候，我們的網站經常崩潰，以至於這成了一個笑話，甚至還有一個網站專門負責解決這個問題。

這一次，無論是什麼問題，地球上也只有一個人能搞定它，他就是我們團隊中的一個工程師，一個拒絕使用手機的工程師，他甚至連固定電話都沒有。沒有他，我們只能亂作一團。

此時，我們已精疲力竭，幾乎要放棄了。牆上還貼著「請發送『參加西南偏南互動大會』到 40404」的海報。不一會兒，參加活動的人們陸續抵達現場，而我們還跪在機器後面忙著弄那些暴露在外的各種設備。當時我穿著自己爲 Twitter 設計的第一款T恤。當我們啓動 Twitter 時，首頁上會顯示「你正在做什麼？」所以，我們的T恤上就寫著：「穿著我們的 Twitter 衣」。

經過難熬的數個小時，最終我們上線了，顯示效果和當初設想的一樣——整個螢幕展示系統是你步入大廳之後第一個注意到的東西。你可以發送一條推文，不一會兒就可以看到你所寫的東西顯示在大螢幕上，飄浮於朵朵白雲間。來西南偏南互動大會的人們看起來也很清楚這東西的操作過程。

我們達到了最初設想的目的，而這一萬美元的行銷費也非常值得。我們已滿載而歸，但其實還有更多的收穫。

大會的第二天，我正在聆聽一個關於技術方面的講座。當時座無虛席，我坐在靠後面的位置。我隨便瞄了一眼旁邊的觀衆的電腦螢幕，才發現每個人都開著 Twitter。他們都在使用我們的網站！哇，大螢幕和之前安排的 Twitter「種子」等行銷達到了神奇的效果，Twitter 被推廣開了。這是表明我們正在做一件驚天動地大事的第一個信號，也許這已經足夠了。

隨著講座的進行，人們突然開始起身離開會場，就好像有廣播在通知他們一樣，但實際上並沒有什麼廣播。我看了一下時間，這場講座至少還有四十分鐘才會結束，大家爲什麼要提前離開呢？難道我錯過了什麼？眞是奇怪。

過了一會兒，我終於明白是什麼讓大家都跑光了——就是 Twitter。這裡沒有廣播通知，但是有 Twitter。有個人在 Twitter 上說隔壁的講座非常吸引人，這條 Twitter 很快就被幾個人宣傳開來，這種方式後來官方稱爲「轉發」。「有更好的講座」這條訊息很快被傳送到人們的手機上，以及開著 Twitter 頁面的電腦上。人們幾乎同時離開了這場講座，轉去隔壁那場「不容錯過」的講座。

當我發現這件事時，我非常吃驚。但後面這個故事就讓我不寒而慄了。

那天晚上舉辦了很多場酒會，而且都人滿爲患。有個人在某個非常擁擠的酒吧裡，想跟朋友和同事聊最新的工作進展，但由於酒吧裡面太吵了，所以他發了一條推文建議大家換到一個安靜的地方聊天。他知道一間非常安靜的酒吧，沒什麼人，於是他在 Twitter 裡留下了那間酒吧的名字，約大家在那裡碰頭。

八分鐘後，這個人來到他推薦的那個酒吧，發現有數百人已從周邊的酒吧趕來。當他抵達的時候，這個酒吧已經客滿了，而且外面排的隊伍超長，他的計畫不得不泡湯。

究竟發生了什麼？原來在那個人發出推文之後，他的好朋友覺得這主意不錯，所以他們又把這條推文轉發給了各自的好友。就這樣，一傳十、十傳百，短短幾分鐘就像滾雪球般聚集了很多人，他們都來到了這家小酒吧。

當我聽到這個故事時，我想到的場景是一群鳥正在繞著某個路段或桅杆飛行。當鳥兒們遇到一個障礙物時，它們會化爲群體，一起越過障礙物。表面上，這些鳥看似經過特殊訓練，但事實上是沒有的，鳥群飛行的技術非常簡單，只是每隻鳥都看著旁邊鳥兒的翅膀，然後跟著往前飛。Twitter 也創造了相同的效果。在某一時刻，一個簡單的溝通就能讓很多人在短時間內聚集成一個群體，而後，這個群體很快又散開成爲多個個體。

@ # ★

來西南偏南互動大會的人都是比較活躍的 Twitter 用戶，所以這個大會給 Twitter 草創初期創造了難得的用戶飽和，也讓我們第一次目睹了 Twitter 的「自然生長」。在那之前，這個產品還僅僅是我們這一票好友打發時間的玩具。而前面這兩個故事——大量聽衆提前退場和酒吧瞬間爆滿，打開了我大腦中的一個開關，從而永遠地改變了我對 Twitter 的潛力認知。現在，我看到了陌生人如何使用 Twitter，卻有了不同的想法。

成群結隊、結社、還有一種現象叫作「湧現」——就是許多同類動物組成了一個「超個體」，並且比單獨的個體更聰明、更能幹，這在自然界中很常見。你可以在鳥類、魚類、菌類以及昆蟲類中看到這種群體智慧。但如果你試著從地鐵月台上的擁擠人群中走過，或是看一段胡士托音樂節的片段，或是快速翻看美國有線電視台的節目，你會發現，人類作爲一種生物，並不是自然聚集的。現在，Twitter 作爲一種新的溝通方式，第一次將人們聚集起來，這意味著 Twitter 爲人類提供了一種全新的溝通方式。那一晚，某些人打算換個地方聚聚只是一個例子，但如果是其他更重要的事情呢？如果是一場災難呢？或是其他公義的舉動呢？

這些就是聽到酒吧即興聚會的故事後，快速閃過我腦海的一些想法。Twitter 的功能遠比我們已經實現的更強大。雖然有很多小錯誤，它的系統也非常脆弱，但我們這一小群人正在創造一個直到它誕生之前世人都不認爲是必要的東西。而且，我們創造了一種不同形式的溝通方法，一種其潛力才剛剛被發現的新方法。如果 Twitter 能取得巨大的成功，那麼它並不是科技界的一場勝利，而是人性本身的偉大創舉。在這之前，我從未想過「科技」或是「商業」等字眼，但就在人們使用我們的產品的那一刻，我就突然意識到了。

@ # ★

可以說，這次大會結束時我們都有些飄飄然。之後我們去看西南偏南互動大會頒發的獎項，有很多公司獲得了「最佳展示獎」、「觀眾票選獎」、「突破潮流獎」或是其他獎項。當我和伊凡、傑克排隊去看頒獎時，一個想法突然產生了。

「等等，」我說：「我們會不會得獎呀？」之前幾年，我們只是默默無聞地坐在觀眾席上看頒獎儀式，但就在過去的幾天裡，Twitter 已經是整個大會中最亮麗的一道風景了。這些獎項都沒有提名過程，誰知道哪個公司會得獎呢？

「如果我們真的贏得了某個獎項，那我們總應該要致詞吧？」我說。

伊凡說道：「你說得對，我們應該準備好一個講稿，也許我們真的會得獎。傑克來講，你來寫。」他告訴我。

寫一篇得獎感言？我們幾乎已經站在頒獎典禮的大門口了，根本來不及。

我很清楚自己寫不出一篇精雕細琢的講稿，我能做的就是在剩下的三分鐘裡編出一些靈巧的短文。

@ # ★

不過，這並不像說起來的那麼恐怖，我之前也面對過這樣的情況。在高中的時候，我選了一門人文課，功課是擇一題目做整年的專題報告，最後寫出一篇論文。正如我後面將會提到的，當時我有個不寫作業的原則，但論文還是要完成，因爲這門課的分數全掌握在論文上，而且只需要在年末的時候完成即可。可是這樣的安排對我來說太可怕了，因爲我是一個拖拖拉拉的傢伙。

到了該交作業的那一天，我什麼都還沒開始寫，根本交不出來。但我可不想不及格呀！

當我抵達教室時，其他同學都在繳交論文，我只好對老師說：「我把我的作業忘在家裡了，我可以今天回去拿，但我比較想明天補交。」

她說：「你有一整年的時間寫這篇論文，所以如果你明天帶過來，我會把你的成績降一個等級。」天哪，一個能得A的論文就要變成B了。

如果我有寫論文，我一定會立刻跑回家把它拿過來。但已經沒有比不及格更壞的後果了。我說：「好的，如果你覺得這樣公平的話，我明天補交。」

正如我前文所說，限制會激發創意。那天晚上，我苦思如何能讓一個小時寫完的論文看起來像用了一年的時間。怎樣做才能既不費事，又似乎是長時間的努力呢？

哈，我想到了，編一個劇本！劇本是由對話組成的，是一種寫作的濃縮。

那一夜我寫了一個劇本，講的是兩個中年人打了一場名爲「環遊世界」的籃球比賽。「環遊世界」的比賽規則是沿著球場限制區的一系列白色短線依次投籃。如果投進了，就可以前往下一個投籃點。如果沒進，你可以做一個選擇：繼續留在現在這個點，或冒險再投一次。如果你選擇再投一次並且投進了，那麼你也可以前進一格；但如果你又沒投中，你就要回到起點重新開始。

在我的設計中，這兩個中年人曾經是高中同學。其中一個人已是環球產業公司的首席執行長，成功並且富有。而另一個人則窮困潦倒，是一位油漆工人。他們在微風吹拂中愜意地比賽，閒聊著他們的子女，當然更多是在追憶他們的高中時代（這對於當時正是一個高中生的我來說，也算用了一個資源自取的老招）。

他們一邊聊天一邊比賽。那個成功的人總是在投籃失敗的時候選擇再投一次。這樣，他提前完成了所有的投球，贏得了比賽；而那個過得不如意的人卻從未從起點離開。最終，有錢人贏了，他說：「你還想再來一次嗎？」這就是整個劇本的結尾。

很明顯，它的潛台詞就是「面對風險就是邁向成功」。高中那幾年，我已經有了這樣的哲學，這是一種非常具有創業家精神的態度，雖然當時我並沒意識到。

第二天我把作業交了上去。我本應得到Ａ，但因爲我的遲交，所以最終我得到了B。就是這個正確的想法讓我完成了這門功課（當然，這個例子是因爲我太拖了導致產生時間限制。但有時，就像我所說的那樣，約束確實是一種激勵因素）。

此刻我所要做的就是，找到一個合適的點子讓傑克發表他所需要的得獎感言，這正是要在限制條件下發揮創意的時候。

「我想到了，」我解釋道：「我們應該這麼做……」

好像不過眨眼的時間，傑克、伊凡，我們的好朋友傑森和我已經站上台領取西南偏南互動大會的獎項。傑克上台領了獎，並發表他的得獎感言，他說：「我們打算要用一百四十個字或者更少來向大家表達我們的感謝，而剛才我們已經做到了！」

這次只用了八十個英文字的演講創造了歷史，至少在我們心中是這樣。

@
\#
★

我們整個團隊對 Twitter 投入了很多，包括靈感、熱情、創意，但在西南偏南互動大會上我看到的遠比這些投入的總合還要多。人們看到 Twitter 就知道該怎麼玩、怎麼組成群組。用戶在引導著我們。從這一刻起，我們的工作就是去聆聽使用者的需求，同時提供相應的服務去滿足他們。這是靈感，也是一種對市場的順應。

在隨後的幾年裡，Twitter 的用戶又演繹出了許多個大小不一、類似西南偏南互動大會的故事。但我始終對二〇〇七年三月的那一天記憶猶新，它對 Twitter 以及我夢想中的 Twitter 來說，都是一個重大的轉捩點。

當我們從西南偏南互動大會回來後，伊凡、傑克和我創辦了 Twitter。

伊凡和我與傑森．高德曼共進午餐，傑森在 Blogger 工作時就是我們的同事，當時他也即將加入 Twitter。伊凡想休息一下，自從他創辦了 Blogger 之後就沒有放過長假，最開始是 Blogger，然後是 Odeo，現在是 Twitter。他想玩上一年的滑雪。但是在他離開之前，他需要確認執行長的角色已經有了妥善的安排，這樣他才能安心地隱退一段時間。

那頓午餐我們吃的是蔬菜漢堡，討論誰將擔任公司的首席執行長。

伊凡說：「我想，還是由我來擔任臨時的首席執行長吧。」這確實順理成章，所有創辦人裡，伊凡投資 Twitter 最多，Odeo 時期也是他帶領著我們，這應該是一個非常合理的安排。

但我還是說：「如果你不是眞的想當首席執行長，你也不應該當臨時的首席執行長。這是優柔寡斷的做法，我們為什麼不乾脆一點？讓傑克來當首席執行長吧，一個真正的首席執行長，而不是臨時的。」

傑森不同意，他還是覺得伊凡應該當首席執行長，但伊凡那個時候的確不想這麼做。

我提議傑克當首席執行長。傑克和我一起寫出了Twitter的原型，Twitter是我們兩人的。有一段時間，諾亞．葛拉斯曾經加入並接管了該專案，但和諾亞工作了一段時間後，傑克就覺得受不了，威脅著說要退出。於是，伊凡炒掉了諾亞，又安排我和傑克繼續搭檔。我從沒想過自己要當什麼首席執行長，我給自己的定位一直是一名輔助者的角色，我最大的貢獻就是幫助別人。

我說：「傑克編寫了大部分的程式編碼，而我做了全部的設計工作，我們是創立者。」

傑森說：「你覺得他能勝任嗎？」

我說：「這又不是通用汽車，我們只有七個人耶。」在那個時候，首席執行長的職責只是安排人手和工作，為測試版提供一些意見，並確認最終工作是否合格。

雖然傑森認為這是一個錯誤的選擇，伊凡卻說：「好吧，你是對的，問問傑克的想法吧。」

回到辦公室，我找到傑克：「嘿，傑克，我和伊凡想讓你當首席執行長。」

傑克從椅子上轉過來說：「我？」

我說：「是的，要不是讓伊凡當臨時的首席執行長，要不就是由你來當正式的首席執行長。」

傑克有點如坐針氈，他從沒想過要扮演這個角色。

他想了一夜，第二天他和我說：「這聽起來不錯，我願意。」

我們正式將公司從 Obvious 獨立出來，傑克成爲 Twitter 的首席執行長，我是創意總監。之後沒多久，伊凡說了句，「好吧，大家，祝玩得開心！」然後他就休長假去了，但他仍然是公司的最大股東，並且還是公司的董事會成員之一。

@ ＃ ★

二〇〇七年三月，在我們去西南偏南互動大會之前，我們有七名員工和四千五百名用戶。但當年年底，我們已擁有了十六名員工和六十八萬五千名註冊用戶。那時，考慮到 Blogger 發展到一百萬名用戶所需的時間，十八萬五千名用戶算是一個很大的數字了。在今天，透過超連結，一個應用程式在一周內就可以擁有百萬用戶；但在當時，我們只能依靠努力推廣，甚至是靠口碑行銷這種古老的方式增加使用者。

@
\#
★

在西南偏南互動大會上大展拳腳之後，Twitter 讓我懂得人類的行爲可以被無限擴展。Twitter 的技術並不是教會人們如何聚集，它僅是揭示了我們的天性如此。這多麼令人興奮呀！這種現象遠不只是因科技誘發出聚衆心理——我們每個人都像一隻鳥，不斷依照身旁的「鳥」做出調整，從而接近其他「鳥」。在這個世界中，我們正設身處地經歷著這樣的狀態。人活著，就如同一隻在鳥群中飛翔的小鳥一般。

6 當幸福來敲門

遇到我的麗薇亞

二〇〇七年春天，在奧斯丁參加完西南偏南互動大會後，我感到我們所有的風險都是值得的——Twitter 開始步入正軌。麗薇亞和我在柏克萊的房子裡也生活了一段日子了，我突然意識到我們在一起已經有十個年頭。

在我自己的事業路上，我有多次轉換跑道；但在個人情感投資上我只有一次，而且從未動搖，那就是麗薇亞。

我在小布朗出版社和史提夫一起工作時，從沒有和女孩約會過，甚至沒想過要去約會，那時我滿腦子都是工作。我時常會散步得久一點，以便多想一點工作上的事情。我想我錯過了談戀愛的時機。我有自己的過人之處，但我對感情卻毫無頭緒。

有一天，我和史提夫一起去吃飯。我們看好了菜單，服務生走過來，我對他說：「兩顆蛋，隨便怎麼做都行。」服務生笑了，史提夫也笑了，而我愣著坐在那裡，不明白他們爲什麼要笑。

不管怎樣，朋友們開始幫我留意，常常提醒我，「嘿，老兄，你應該出去約會了，你已經十九歲了，你需要一個女朋友。」就連史提夫也說：「你這麼年輕，長相也不差，應該找個女朋友了。」

大家都拿這件事情來煩我。「好吧，」我告訴他們，「等下次我遇到一個可愛的女生，我就約她。」

沒過多久，我和史提夫一家到一間叫「狗仔隊」的餐館吃飯（任何有點名氣的人大概都會想避開這間餐館）。第二天上班的時候，史提夫和我說：「昨天那個餐館的女領班很漂亮，你想不想再去一趟，然後約她？」

我不確定這是不是個好主意。我假想著我走回餐館，然後直接問她是否願意和我出門？照史提夫的意思，就應該這麼做。

「這看起來……太直接了。」我說。

「可是大家都是這麼做的啊！」史提夫說。

結果第二天的午餐時間，我又來到了「狗仔隊」。事實上我有點希望那個女領班不在那裡，那樣我就能告訴史提夫我已經嘗試過了。但當我走進餐館時，她恰好在裡面。她有一頭濃密的金髮，人也很漂亮。

只是，我還沒想好計畫，而且照情況來看我的確需要一個計畫。於是我轉身走出了那家餐館。

我平時很喜歡看電影，而且固定在一間叫「西部牛頓」的戲院消費，那間戲院有著復古的風格，放映的都是藝術片。看起來應該是個約會的好去處，我想可以邀請她和我一起去看場電影。我帶著計畫又一次走進那家餐館。

「今天想吃什麼呢？」她問道。

「兩天前的晚上，我和我的老闆一起來過這裡用餐，我注意到了你，嗯……你住在牛頓市嗎？」

她立刻用懷疑的眼光打量著我，「是的，」她說：「你怎麼知道我住在牛頓市？」

我們所在的地方並不是牛頓市。她一定誤以爲我對她暗戀已久。這是一個非常糟糕的開始，我超想臨陣脫逃。

「呃……其實我不知道你住在哪裡。」我解釋道：「這只是一個巧合。其實我是想問，你能跟我一起去西部牛頓戲院看場電影嗎？」

她說：「喔，好吧，可是我已經有男朋友了。」

有男朋友了！當然，我從沒想過這個所謂的「男朋友」可能只是一個女孩爲了拒絕約會而使用的藉口，我分辨不出這其中的細微差別。「好的，」我說：「謝謝你。」

我的第一次搭訕就這樣失敗了。但我沒有氣餒，反而變得更有膽量了。這應該已經是最壞的情況了吧？當時我的確有點唐突，但也不算太糟糕，至少我現在有了一面可供參考的鏡子。

這次嘗試後過沒多久，一個在小布朗出版社童書部門工作的年輕女孩來到史提夫的辦公室簽約。她穿著寬鬆的軍綠色外套，黑色的長髮披在腦後，有點憂鬱的模樣。我一下子就喜歡上了她。

她讓史提夫簽一份合約。史提夫簽完，她就離開了。

「喔，」我看著門口，還有她漸行漸遠的背影說：「我覺得我墜入愛河了。」

「她？」史提夫問。

「對啊！」

「不考慮在法律部門工作的那個女孩嗎？」史提夫問道。

我們平時用的照片印表機在一間很小的暗房裡，那個房間有一扇旋轉門，以防有光漏進來。由於房間實在太小了，所以我們在門上掛了個標牌，上面寫著「一次一人」。有那麼幾次，當我正在裡面工作時，史提夫說的那個女孩敲一下門就走進來，一邊說著：「好黑好擠唷。」

我回答說：「對啊，所以你是不是應該先出去？」

這就是我，一個笨蛋。

所以我對史提夫說：「誰？不，我想我喜歡剛才這個女孩。」

於是，我鼓起勇氣下樓來到麗薇亞（這個穿著軍綠色外套的女孩）和她主管共用的辦公室，邀請她共進午餐。她爽快地答應了，但有個附加條件——她堅持要她的主管一起去。我只能說，我的前途堪慮。

我們約好了日期，但在這之前，我又找到一個藉口去一趟她的辦公室，一般搞辦公室戀情的人可不會這麼做。麗薇亞恰好不在，但我注意到她在她和主管共用的電腦上留下了一個便利貼，上面寫著：「嗨，你什麼時候能像你承諾的一樣確認約會的日期？」

這絕對是一個不好的兆頭，她的確邀請了她的主管來加入我們的約會，而這也說明她有其他目標——她想和另一個人約會，顯然那個人不是我。後來我才知道，這是因爲我在工作中看起來太自信了。事後麗薇亞告訴我，我看起來老是那麼驕傲與自以爲是。這是事實，在工作中我的確充滿自信，但如果是和女孩約會，那我絕對沒有什麼信心可言。

我們還是出去吃飯了——一頓舒適的三人午餐。讓麗薇亞感到驚訝的是，我並非像她所想的是一個討人厭的傻瓜，而且我盡力表現出自己最出色的一面，顯得風趣幽默、瀟灑迷人又親切。她同意和我再次約會，而且沒有她的老闆當電燈泡，我們的關係又更進一步。

很快，我和麗薇亞開始正式交往。之後，雖然我的工作顚沛流離，麗薇亞始終對我不離不棄。爲了創辦 Xanga，我們搬到紐約，再到有一陣子我覺得自己應該成爲一名電影導演而搬到洛杉磯工作，而後又搬回波士頓，那時我還寫了本關於部落格的書賣給了一家出版社。當我想搬到西海岸去 Google 工作時，她覺得這是一個非常好的機會，也是一次很大的冒險。而當我決定從 Google 辭職時，她也支持我，雖然那個時候我們還在爲錢發愁。麗薇亞總是能夠理解什麼對我才是最重要的，並幫我做出最正確也是最艱難的決定。無論我們位於何處，她都會在出版社或者雜誌社找份工作，直到她開始撰寫關於手工藝方面的書爲止，比如縫紉、捏陶以及製作玻璃珠等。我知道以下說詞是陳詞濫調，但我還是要說她被我纏住了，沒有她我什麼也做不成。

我可能對於約會和建立親密關係毫無概念，但這不會阻擋我進行大膽的嘗試。能發生的最壞情況是什麼？一個女孩對你說她已經有男朋友了？她可能對你根本沒興趣。或者是帶著一個電燈泡來赴約？就算我失敗了，至少下一次我會更有經驗。

面對風險時，很多人都會選擇躲避，張開自己的保護網。我經常會遇到一些創業者，他們白天從事正職，半夜又忙著他眞正熱愛的項目。他們當然可以這麼做，他們還需要養活他們的家人。可問題是，除非你願意接受最差的情況，否則你是得不到最佳結果的。如果想觸及你的夢想，那麼完成你眞正的使命就需要你用盡全力。由此可見，擁有承擔風險的意願正是邁向成功的途徑。

@ # ★

《千鈞一髮》（Gattaca）是一部科幻片。故事有點反烏托邦的味道，講的是未來的人們可以利用再生技術來調整基因，從而孕育最完美的下一代。文森和安東是兩兄弟，但文森是自然懷孕的，沒有經過基因優化；而安東則是一個經過基因優化的「完美產品」。在生活中，安東在各個方面都顯得比文森優秀。影片包括一連串的瘋狂劇情，但我要說的是這一幕：文森與安東比賽游泳，就像他們小時候經常玩的遊戲一樣。他們從海邊向遠方游去，游了很遠，首先放棄並往回游的人就算輸了，最後文森贏了。安東問文森爲什麼能打敗他，畢竟安東更強壯而且在基因上也更有優勢；文森解釋說，他用盡了每一分力氣，因爲他沒想過要活著回來。這給了安東很大的啓發——他很強壯，但他也很保守，他爲了能順利遊回來，所以沒有用盡全力。

這個故事給我上了意義深遠的一課：要想獲得遠大的成功，你必須準備好做出壯烈的犧牲。換句話說，爲了實現你的目標，你必須擁有寧死的決心——當然這只是個比喻。

我的建議就是，去擁抱那些不可思議的、史詩般的，甚至會改變命運的失敗。如果你成功了，那麼失敗絕對是值得的。即使你失敗了，你也會擁有一個值得傳頌的故事，可以讓你在下一次嘗試時具有更大的優勢。這有點兒像自然法則中的遊戲等號：如果你想取得巨大的成功，就必須冒更多的風險。

一個被廣泛接受的事實是，百分之九十的技術型創業幾乎都失敗了。任何領域的創業者都是風險承受者，即使是那些現在看上去非常知名的成功人士也都經歷過前途未卜的階段，甚至遭遇過完全的失敗。皮克斯（Pixar）一剛開始只是盧卡斯電影公司的一個電腦動畫部門，負責研發圖像與動畫技術。在它還沒來得及站穩根基時，盧卡斯因為離婚需要錢，所以決定拋售這個部門。他將皮克斯以五百萬美元的價格賣給了賈伯斯（Steve Jobs）。皮克斯的動畫製片人在很長一段時間裡都想用電腦來進行動畫製作，但成本非常高，然而賈伯斯願意支持他們的夢想。二十年後，在賈伯斯出售皮克斯時，其售價已經高達七億四千萬美元。

@ # ★

高中某次上體育課時，我想學習後手翻——它有點像後空翻，但你的手在後翻過程中要觸地支撐。我看著其他孩子做後手翻，揣摩這動作的訣竅，就是先向後跳，然後翻身用手著地。但我跳的力量似乎不夠，在翻的時候我又害怕跌倒，所以總是縮成一團、側身著地。我無法完成這個動作，不斷地摔倒在地。

老師看見我以失敗告終，便對我說：「這個動作的祕訣就是：它比你看起來的還要容易。實際上你根本不用花什麼力氣，再試看看吧。」

我來到墊子前面，他說：「站穩後，雙臂向上，雙手也向上打開。」

我把雙手舉過頭頂。

「現在屈身，就像你要坐下一樣。拱起你的背，讓自己向後倒下去，翻過身體的平衡點。雙手一直伸展著，當你感覺手指快要碰到地面時，就用腳趾蹬一下地板。關鍵是向後倒並翻過那個平衡點。如果你敢於承受那一點風險，你就可以不費力地完成後手翻。」

我按照他說的一步步去做，確實奏效了。當我翻過那個點時，不費吹灰之力就完成了這個動作。

在生活中做出重大的改變和做後手翻有異曲同工之妙。例如，邀請一個女孩約會，尤其是她還帶著個「電燈泡」，就意味著你極有可能面臨難堪的失敗。決定辭去工作，尤其是放棄非常有價值的股票期權，意味著你又將面臨著個人財務危機。但當你突出重圍時，那種感覺是不是很奇妙？當我成功地完成了後手翻時，我覺得自己很棒。這都是因爲你願意承擔風險，就像《千鈞一髮》中的文森一樣。

Twitter的系統總是持續崩潰，一個根本的原因在於，對於這樣一個大型的程式來說，它的原始版本搭建得太快了。它不是一個分層結構。這就好比是一個用撲克牌搭建的房子，如果有一張撲克牌滑落，整間房子就坍塌了。每一次我們都想找出到底是哪裡出了問題，所以就要調查整個系統。經歷了幾個小時的埋頭苦幹，我們才能確認漏洞，進一步確認是誰負責編寫這個部分。如果不巧那個人正好外出或休假了，就只能說我們的運氣真的不太好。在讓Twitter用戶失望的同時，我們自己也承受著壓力的重擊。

有一天，電影《星艦迷航記：重返地球》（Star Trek: Voyager）的其中一個片段給了我靈感。星艦的燃料即將用盡，船長下令讓星艦進入「灰色模式」。灰色模式意味著星艦即將關閉所有不必要的系統，以換得最小的燃料消耗。從本質上來說，他們已將自己置於維持最低限度生命的狀態。

企業號的系統大多是彼此獨立的，你可以單獨關掉任何一個部分，而星艦可以繼續保持運行（對我來說這是一個很明顯的啓示）。我們搭建的Twitter程式雖然不理想，但也不能說它是失敗的。當時我們並沒有想過會取得如此大的成功，更沒想過之後要面對一次比一次艱難的挑戰。與其在你不知道產品將如何運轉之前就花很多年去完善它，以求完美，還不如先做出不錯的產品讓大家初步使用。

第二天，我決定建議採用一種新的方法去解決 Twitter 出現的各種錯誤。此時，傑森也從 Blogger 來到 Twitter 擔任產品研發部的副總，成爲伊凡的左右手。幸運的是，傑森也是一個《星艦迷航記》的粉絲。我問他：「我們是否能試著把系統的幾個功能分開，成爲各自獨立的部分，比如註冊、更新和某幾項伺服器功能？這樣，如果一個部分崩潰了，我們就可以關閉該項功能，但至少其他功能還能正常運轉，從而避免導致整個系統當機。最少使用者還可以看到首頁，也可以發推文。你能設計出這種『灰色模式』嗎？」

答案是肯定的。接下來的一周，我們在一起完成了功能畫分的最初版本，這樣 Twitter 就不會因爲一個小問題而導致整個系統當機了。

Twitter 最大的一個敗筆便是我們稱之爲「平台」的功能。在二〇〇七年，我們推出了自己的「平台」——一個應用程式的交換平台。在那裡，我們允許第三方開發者使用 Twitter。當時我們熱衷於邀請其他開發者研發新的應用功能程式，以增強或補充 Twitter 的功能。但實際上，這個思考並不成熟。

我們推出平台之後，一堆 Twitter 的新應用程式很快便源源不絕地上架，但過多的選擇反而摧毀了用戶體驗；同時，由於所有的應用程式都可以不受限制地訪問伺服器，導致伺服器不堪重負。這是影響 Twitter 穩定性的一大原因。

當臉書（Facebook）推出它的開源平台F8時，我判斷它也經歷了同樣的問題。根據《華盛頓郵報》記者凱薩琳．蘭培爾（Catherine Rampell）的報導，在推出F8的最初六個月裡，有七千多個新應用程式在平台上發表。這是難以承受的，臉書只能事後補救。雖然爲時已晚，但它明確地訂出規則和限制，目前大多數臉書的應用程式都是由臉書自己出品的。

在設計書封的時候，我明白一個完美的作品要滿足多方面的要求——設計、編輯、行銷人員都應該滿意。同樣，一個成功的軟體平台首先應該服務於它的使用者，其次能讓這個平台上的開發者得到回饋，以便他們在設計程式的同時也能養活自己；最後，它應該能提升 Twitter 的整體價值，讓 Twitter 成爲一個更好的公司，爲使用者提供更好的服務。這些目標決定了我們可以開發哪些功能。相反地，我們一開始就打開了所有的閘門，所以後來當我們要關上一部分閘門時，會讓很多人感覺不爽。

我們沒有做到小心謹慎。我們應該在起步階段放慢一些，開放一些特定的選項，好讓開發者生產一些能讓 Twitter 變得更有意思的應用程式，讓使用者發現並關注一些他們較少接觸到的帳戶。但我們沒有考量到這些，最終毀壞了服務內容本身，破壞了使用者體驗，也傷害了獨立開發者的熱情。有些失敗在成形前我們看不到它們會帶來多少風險，但有些失敗則是重蹈覆轍，我們只有坦然面對並汲取教訓。

@ # ★

在西南偏南互動大會之後，我意識到我和麗薇亞在一起已經很久了，於是我對她說：「你知道嗎，我們應該結婚了。」

麗薇亞說：「別開玩笑。」

其實，她暗示我這件事也有段時間了，她曾經說：「看，他們結婚了，可是他們在一起的時間沒有比我們久。」問得很巧妙，對吧？但我還是傻瓜般的後知後覺。

即便如此，在她這種毫無希望的回應之下，我還是決心挑戰。在美國太空總署（NASA）阿姆斯壯研究中心的演講結束後，我買了一個廉價的太空總署紀念戒指充當臨時的訂婚戒。

麗薇亞和我原本是打算「私奔」的，我們兩人不喜歡複雜麻煩的婚禮儀式，所以在加州門多西諾海岸找到了一家漂亮的飯店。不知道怎麼回事，我們的婚禮後來演變成介乎私奔和簡單婚禮之間的一種形式，大概有十來個好友「出現」並「見證」了我們的婚禮，不過我們沒有邀請家人參加。就這樣，我們舉行了一場奇妙而簡單的婚禮，但家人對此很失望，有些人甚至生氣了，因為他們感覺被我們兩人拋棄了。

二〇〇七年六月，在太平洋海灘的一個花園裡，我們舉行了美妙的婚禮。我的好朋友鄧斯特用拍立得拍到了一個幸福的瞬間，這是我最喜歡的一張婚禮照片——照片裡的我穿著亞麻西裝，微微仰著頭，臉上帶著一個大大的笑容；我的老婆穿著一件一九二〇的年老式晚禮服，她低著頭，將臉埋在雙手裡。

我看起來就像那個世界上最快樂的人，而我老婆的肢體語言卻彷彿表明她犯了這輩子最大的錯誤，她好像在對自己說：「我到底都幹了些什麼？」我曾對她說，一生中最美好的事情其實都源自錯誤。富蘭克林也認為：「從歷史的角度考慮，也許人類所犯的錯誤比他們所發現的東西更有價值，也更有意思。」

直到今天，我和麗薇亞依然快樂地生活在一起。

7—失敗都是珍貴的財富

失敗鯨粉絲團的支持

Twitte在西南偏南互動大會之後的一年快速發展，我們的系統在連接性方面也出現了很多問題，這些問題曾多次讓我們崩潰。

大多數企業總愛塑造出一個完美的品牌形象——「我們最棒」、「我們最佳」、「我們的服務最好」、「我們是不二之選」、「我們是世界級企業」。這很正常，但它也是一種非常安全卻非常虛假的宣傳。如果企業失敗了怎麼辦？或者只是部分獲得成功？你們還要堅持對外發布這種正面的宣傳資訊嗎？大家都不願對外宣傳自己的失敗，甚至隱瞞大衆，在某種程度上可以說是一種欺騙。這讓我瞭解到弱勢的價值——當所有人都覺得你和他們一樣是凡人而非聖賢，充滿熱情但並不完美，你將獲得更好的聲譽。

再次拿哈里遜·福特來舉例（又是他？爲什麼不，他可是個偉大的演員）。他很常扮演英雄，從傳統意義上來說，英雄都是無所畏懼、超級強大、無堅不摧的，但是福特扮演的英雄卻與衆不同。每當他身處險境時，他也會感到恐懼或者心生抱怨：「天吶，我簡直不敢相信自己會遇上這種事！」在電影《法櫃奇兵》（Raiders of the Lost Ark）裡，當他不得不穿過滿是毒蛇的洞穴時，他這樣說道：「蛇，爲什麼偏偏是蛇！」他毫不做作。其實英雄也是普通人。作爲觀衆，若看到了他人性的一面，就會更加專注於他如何成功地逃離險境。

@ # ★

在過去的十年裡，我的主要工作就是向大衆解釋爲什麼 Twitter 會故障。在 Google 工作的時候，Blogger 經常出問題。我認爲向用戶解釋哪裡出現了問題、爲什麼會出問題、我們將採取哪些措施來防止問題再次出現，這就是我們的責任。

二〇〇三年，Blogger 忽然暫停服務了，我開始調查原因。之後有人向我解釋，暫停服務的原因是電力供應的關係。Google 太龐大了，它需要巨大的電量來保證資料庫以及電腦系統的運轉。

由於 Google 的用電量太大，而 Blogger 又不是什麼優先應用程式，所以被斷電了。

當然其他深層的原因還有很多，簡而言之，這就是最根本的原因。

當我找到原因之後，我在 Blogger 官方部落格上發布了一篇文章，解釋 Blogger 爲什麼會發生服務暫停的情況，這是因爲 Google 的系統太龐大，所以存在電力供應不足的狀況。

在公司的官方部落格上發表文章可是件大事，但我常常不那麼嚴謹。我最引以爲豪的事情是，當 Blogger 引入照片發布程式時，我竟然用我的小貓布斯特的照片作爲照片發布的範例！Google 是一家超級棒的巨無霸企業，並且正在籌備上市。然而，我成功地把小貓的照片放到 Google 的官方部落格上，不僅是爲了自娛，我認爲自己有責任給這些冷冰冰的科技賦予溫暖。

發布布斯特的照片並無太大爭議，但我在 Blogger 的官方部落格上發布電力供應不足的問題就是件大事了。發布消息的時候我並不知道，Google 正在祕密進行一個關於解決電力供應的大專案——Google 準備透過某個協力廠商收購俄勒岡州波特蘭市的大片土地，建立自己的發電廠。投資者和媒體都像鷹隼一般敏銳地注視著這家公司。我的文章一經發布，網路上的「偵探們」就富有興趣地把各種資料拼湊在一起，並且猜到了 Google 的計畫。幸運的是，我並沒有因爲這件事被抓到首席執行長那裡挨罵。看來，有時候坦誠相待的確會帶來一些問題。

即便如此，我仍然堅持誠信的原則。我認爲，向用戶解釋我們到底哪裡出了問題，才是維持長久用戶關係的祕笈。

@ # ★

我把這種理念也帶到了 Twitter。一開始我只是憑直覺去做，並沒有什麼了不起的計畫，我只是想讓所有人都知道公司在做什麼、計畫些什麼。除了一些涉及法律法規範或者不宜公開的隱私，比如具體的融資金額等之外，我希望外部溝通與內部溝通保持同步，也希望公關團隊可以公開所有的情況，我們必須絕對坦誠。

我們的系統很明顯跟不上快速增長的用戶數量，當系統出現問題時，我都要去跟用戶溝通，這使得我異常忙碌。

我會對所有使用者解釋發生了什麼問題（如果伺服器還能工作的話）。如果系統崩潰了，我會先找工程師瞭解情況，然後去 Twitter 的官方平台公布我的調查結果。大部分時候，我都會像發布好消息般，因在某種程度上，這代表著我們找到發生故障的原因，並且可以向大眾保證這個問題不會再出現（一定還會有其他因素導致系統崩潰，但大概不會是之前所犯下的相同問題）。

沒多久，我的方法就初見成效。蘋果每年會舉辦一次新品發表會，一些Twitter用戶也非常關注蘋果即將推出的新技術和新產品。二〇〇七年六月，在發表會舉辦之前，坊間就紛紛傳言蘋果要推出手機。

大會的前一天，Twitter的使用量就讓我們的伺服器有點吃不消了，時不時會出現伺服器中斷的狀況。我們和用戶都有些擔心，Twitter的伺服器能不能撐到第二天的發表會。

那是一個不眠之夜，我們一直在解決各種問題。用戶非常瞭解我們，我們就算逼死自己也會撐住，繼續改善我們的系統，讓它能在明天正常運作。深夜時分，我們收到了一些外賣披薩，然後更多的披薩不斷地送來，但是，我們的同事沒有一個人有空去訂披薩啊？

隨後我們收到了用戶的推文：「你們收到披薩了嗎？」

天哪！這是Twitter社群給我們送來的披薩！

我們的用戶非但沒有抱怨伺服器的中斷，還不約而同地訂了一些外賣披薩送到我們的辦公室，給我們鼓勵！我們並不是無名的機器人，沒有一再因爲網路服務出現漏洞和差錯而使我們的用戶失望；相反的，我們一直以來的誠信顯示出我們的人性化的一面，反而爲我們帶來了友善的回饋。

@ # ★

但是，Twitter的伺服器還是經常中斷，我必須思考如何與內部及用戶一起解決這個問題。我想讓大家知道我們已經盡力做到最好了，我不想掩飾我們的失敗和缺陷，我決定擁抱我們的不完美。

在較早的系統版本中，當你發送一段訊息後，絕大部分的網站都會顯示：「非常感謝，您的訊息已經發送成功。」但在Twitter上，我們的頁面會顯示：「太棒了，伺服器應該還在運作！」

我一直盡力去瞭解和體會螢幕那一端使用者的感受。在Odeo，當系統崩潰時，會有一個對話方塊跳出來，使用者則需要點擊「確定」以繼續。在Twitter網站上我讓傑克增加了一個對話方塊，用戶除了可以點擊「確定」外，還可以點擊「我超不爽！」

後來，爲了撫慰 Twitter 伺服器崩潰時用戶的不悅，我從一個圖庫網站裡面選了一張圖片——幾隻小鳥用細細的繩子盡力拉起一頭體態龐大的鯨魚。太完美了！這就是我想要的，我把它用在出錯時的顯示頁面上。

「失敗鯨」，後來大家都這樣稱呼它。它非常有喜感，而且頗爲「積極向上」：我們就像那群小鳥，信守承諾，哪怕面對龐大的鯨魚，也要盡力拉起它。我們雖然渺小，但是我們決心取得成功。

抱怨總是不斷，Twitter 的伺服器中斷太多次了，以至於失敗鯨在網路上爆紅。失敗鯨有粉絲俱樂部以及各種粉絲團，有個人甚至在腳踝上刺了失敗鯨的刺青。他們還邀請我去失敗鯨大會做主題演講。人們可能並不知道 Twitter 是從傾聽抱怨和投訴開始的，爲什麼這樣的服務會成爲人們日常不可或缺的內容？我並沒有什麼科學依據，但我們遇到的種種問題卻讓越來越多的人去使用 Twitter，失敗鯨絕對爲我們的用戶增長率做出了很大的貢獻。

我們的失敗都會變成珍貴的財富。

Twitter也收到過很多惡劣的投訴，比如有的用戶說：「你們這些笨蛋！到底知不知道自己在幹什麼！」

我十分熱衷於用同等的友善去回覆這些刻薄的信件，「親愛的喬，非常感謝你的回饋。當我們的伺服器中斷時，我和你一樣崩潰。非常感謝你發送這個消息，回覆信件就是我們的工作內容之一。如果四小時之內伺服器還不能恢復的話，請讓我知曉。」

然後，我總會收到善意的回應，「你們太棒了！我之前寫那樣的信是因爲我太愛你們啦！」

收到這樣的信件讓我意識到，那些最生氣的抱怨者往往是我們最狂熱的粉絲，他們肯花時間給我們寫信的唯一原因就是他們熱愛我們的產品。透過坦誠、友善的親自回覆，我讓他們知道我們非常在乎他們。我們就是那群在螢幕背後、想盡一切辦法幫助小鳥移動巨大鯨魚的人。我們不需要表現出完美無缺，每個人都有缺點，如果你硬要裝作完美，缺點反而更欲蓋彌彰。我不僅鼓勵那些憤怒的用戶給我們寫信抗議，還把我的電話號碼放到首頁上作爲客服專線，這樣人們可以隨時打電話給我，詢問一些基本的問題，比如如何登錄、如何更換頭像，或者如何改變用戶名字但仍保留之前的推文等。有個周六的凌晨六點，我被電話鈴聲吵醒了。我起身接了電話，傳來一位老人家的聲音，「嗯，我的教堂推薦我們使用 Twitter。」

我說：「那很好啊。」

他說：「我猜出了那個字謎。」

這令我非常疑惑。在那天之前，我想出了一個可以在 Twitter 上玩的多人字謎遊戲，我想叫它「猜字」（wordy）。如果你發送「玩猜字」到 40404，就會收到七個字母，然後你需要盡力拼出你所知道的最長單字。我昨天只是和伊凡簡單描述了一下我的想法，這位老人家怎麼會知道？

「您猜出了字謎？」我重複道。

「是啊，然後我要怎麼做？」他問。

我逐漸清醒了，我想他說的可能是驗證碼。使用者在註冊時需要辨認一些扭曲的字母並輸入在空白處，用來證明坐在電腦前的不是一隻蒼蠅。

關心用戶，意味著無論白天黑夜，我們都要關心每一位用戶的體驗。之後我向這位老人家介紹了如何使用 Twitter，如何關注其他人，如何摸清楚這個介面。

後來，打電話給我的幾乎都是記者了，於是我將自己的聯絡電話從首頁上撤下來，並且換了電話號碼。

透過一次又一次失敗介面的發布、部落格公告、失敗鯨以及回覆用戶信件等經歷，我告訴大家我們都是人，我們知道自己的失敗之處，而且我們也不喜歡失敗。我在《千鈞一髮》裡得到的啟示，與麗薇亞相愛，以及 Twitter 一步步走向成功，都證明了一個道理：失敗是通往成功道路上的一部分，值得我們放手一搏；同時，失敗也是成長的重要組成。與用戶分享我們的失敗，代表我們對於團隊及成功具有自信。我們決不放棄，我也希望我們的信念可以鼓舞大家！

8 樹立企業精神

尋找積極的亮點

每個公司都需要有一個理想主義者。在 Twitter 創業的早期階段，我作爲公司共同創辦人的實際工作就是充當公司的發言人。我要對個人、用戶以及員工演講，撰寫每周的新聞稿，召開周五下午的主要幹部會議，透過 Twitter 的首頁發布與用戶溝通的訊息。我要對「爲什麼做這些事情」、以及「爲什麼這些事情很重要」等保持著一貫的積極樂觀。處理這些事情的方法並沒有什麼正式的流程，只能靠我的溝通能力。

然而，失敗可不是開玩笑。人們總告訴我們，Twitter 整個程式就是爛，甚至連我們的工程師都會自我懷疑。更大的問題是，我們的伺服器不斷崩潰。這種感覺眞的很不好受。我協助創造了 Twitter，我爲之辛勤工作，所以當它失敗的時候，我就會覺得是我做錯了事，沒有盡到相關的責任。無論何時，只要應用程式崩潰了，我就會處於崩潰的邊緣，直到程式修復。

但很多時候，我們並不知道到底是哪裡出了問題，需要很長時間才能讓系統重新正常運作。

有一天，我感覺所有的事情都在和我作對，或許是和其他部門一直溝通不良的關係，不管怎樣，這次伺服器的崩潰成爲壓倒駱駝的最後一根稻草。我站在南方公園陰冷的辦公室裡，大聲咒罵：「狗屁不通！爲何我們不能步調一致地處理問題？」

當時我們的首席執行長是傑克，他聽到我的抱怨後便說：「嘿，畢茲，我們一起出去晃一晃吧。」

我們在南方公園裡走著，傑克對我說：「你應該是我們之中永遠保持積極樂觀的那個人，你要讓大家覺得我們走在正確的道路上，我們的工作做得很好，我們很開心。」

在那一刻，我意識到樹立企業精神是我的工作職責之一。當然，我的內心也曾經一度掙扎，擔心我提供的幫助不夠、工作得不夠多。在創辦 Twitter 之初，我自己一個人負責所有使用者介面與其他設計。但在我這次發飆的時候，我們已經雇了人來分擔這部分工作。我不用像工程師那樣整天做程式設計，我也不是首席執行長，那麼，我自己到底是什麼角色？我做的工作重要嗎？我是公司的發言人，並且正在樹立公司的品牌形象，然而，並沒有一個成型的標準來衡量我的工作。

當傑克告訴我應保持公司的士氣時，我意識到，積極性雖然很難衡量，但實際上卻非常重要。我不僅對外樹立公司的品牌，對內我也在負責形成公司的企業文化。在此之後我們還經歷過比這次更嚴重的問題以及更低的士氣，但我再也沒有像那天一樣發飆，因爲無論如何我總是能找到低谷中的一點微光。

@ # ★

在史提夫．強森（Steven Johnson）所寫的《好點子從哪裡來》（*Where Good Ideas Come From*）一書中，他陳述了好點子是怎樣從我們零散的想法中聚集起來的。他還講了一個發生在印尼米拉務地區的故事。在二〇〇四年印度海嘯之後，米拉務的一家醫院收到了八個新生兒保溫箱，這眞是一份大禮！有了這些設備，醫療工作應該能做得更好。但四年過去了，當麻省理工學院的提摩西．普斯頓（Timothy Preston）教授訪視這家醫院的保溫箱使用情況時，卻發現沒有一個保溫箱可以正常運作。在這幾年時間裡，這些設備都損壞了，卻沒有人知道該如何修理。能夠拯救生命的昂貴設備就這樣被廢棄了。

普斯頓特別留意了這件事，因爲他的團隊中有個專門爲開發中國家設計保溫箱的小組。他從強納森．羅森（Jonathan Rosen）那裡得到了靈感。羅森是一名醫生，他發現，雖然開發中國家的基礎設施非常簡陋，但街上有很多豐田卡車，而且跑起來一點都沒有問題。因此普斯頓旗下的團隊設計了一款新的保溫箱，其中也使用了很多汽車零件，比如用車頭燈加熱，而且整個設備可以用打火機或是摩托車電池來提供動力。我可以想像當普斯頓帶著這款新的保溫箱來到米拉務的醫院時，他會說：「如果嬰兒保溫箱壞了，叫技工來修理就好啦。」

強森用這個故事闡明了創新本就存在於原有的概念裡，畢竟「所有零件都是從垃圾堆中揀來的」。但對我來說，這個例子還有其他意義，那就是找到亮點。當事情一團糟的時候，與其不停地去尋找哪些地方出狀況，還不如找到哪些部分還在正常運轉，然後以此爲中心建立或修復。在那些看似無邊無際的負面中找出正面積極的「亮點」，解決之道或許就在其中。

這讓我發現了一種有意思的自我實現方式：與其整天煩惱自己在公司裡的角色

如果這本書限制在一百四十頁，那內容就停在這兒啦。

定位，不如華麗地轉身成爲公司的「忘憂草」。這個道理同樣適用於更大的範疇。比如在公司層面，伊凡已經放棄了播客，但 Odeo 的這幾個天才沒有理由去浪費他們的才能。他當時可能沒有想到這個道理，但他覺得這中間應該還有「亮點」，還有值得去追尋的創意，所以他發起了駭客馬拉松。在你自己的公司裡，你也應該像伊凡一樣，對那些不是公司重點發展的項目給予重視，也許有一天這些項目會成爲你的核心業務。十年前，如果你想創業，一定得有龐大的伺服器來支撐起你的網站及流量，亞馬遜從而領悟網路商城是未來所趨，並建立了龐大的網路服務，讓那些無法流利使用英語的人也能用低成本創業。尋找有效的亮點（例如，一個部門在完成自身工作的同時，也可以爲其他公司提供相應的服務），同時，爲你的員工和同事創造空間，讓他們能追隨自己的興趣和才能成長。

同樣的理論也可以應用在生活裡的點滴小事中。我並不是說，如果你的車壞了，你就可以把它拿來當電冰箱用（雖然這聽起來還蠻酷的）。假如你總是沒有時間打掃車庫，那麼你會透過什麼方法完成這項工作呢？雇人來清掃嗎？爲什麼要付錢讓別人來幫你打掃？是不是因爲你沒有把這件事放到你的日常計畫表裡？如果每天晚上做一點兒呢？嘗試用同樣的方法來解決你的創業問題。

除了實際效用之外，亮點理論還能讓你保持積極樂觀的心態。戴著粉紅色眼鏡會美化你的所聞所見，而且還要保持一種開放、好奇的心，會幫助你更好地解決問題，也會讓這個過程變得更加美好。

9 小事件，大變化

Twitter小鳥的巨大潛力

在二〇〇七年西南偏南互動大會之後，我們就確信Twitter將變得非常重要。那年，我們成立了公司，麗薇亞與我訂婚，免費披薩空降到我們的辦公桌上。在那個夏天，我一直在幻想著人們都在使用我們創造出來的新產品。

有一天，其他人都出去吃午飯了，我開始查閱圖庫網站，搜尋一些插圖——這單純只是爲了好玩而已。我偶然發現大家正在使用Illustrator進行創作。這看起來並不難，我也想試試看。我應該畫些什麼呢？哦，畫一隻鳥吧。於是我就用Illustrator畫出來，還上了藍色。我的作品看起來很漂亮，這隻小鳥有淡藍色的肚皮、嘴巴和翅膀。

大家吃完午飯回來後，我把我的作品展示給伊凡看。

他說：「喔，眞的很不錯。」

我說：「也許我們應該把它放到我們的網站上。」

伊凡說：「當然。」然後他就走開了。

之後，我把這隻小鳥放到網路上，大家都很喜歡它，我把它稱為「Twitter 鳥」。幾周之後，我請我的設計師兼插畫家朋友菲爾．帕斯庫佐（Phil Pascuzzo）幫我稍微修飾了一下那隻小鳥。他做了一些大膽的修改，從此我的小鳥頭頂上就有了一撮毛，這就是完整的 Twitter 鳥了。後來，我開始從哲學的角度來審視這隻小鳥。任何公司都會用公司名稱的第一個字母作為公司標識，只有 Twitter 採用了一隻正在飛翔的小鳥作為表達自由的一種象徵。接著，創意總監道格．鮑曼（Doug Bowman）又對這隻小鳥做了一點調整，減少了幾分漫畫風格，增加了一些符號化的趣味。道格在原稿的基礎上做了一些改變，然後我把最終圖像上呈給公司。

在展示說明的過程中，我比較了蘋果的商標、Nike 的商標和我們的 Twitter 鳥。我對團隊成員說：「在我設想的未來場景裡，人們將使用 Twitter 去推翻專制。當他們成功時，會在坍塌的暴政牆上畫出這隻藍色小鳥。」後來，傑克讓公司的創意總監繼續對圖案做處理，讓它看起來更簡潔，並且在後來的演講中也說了類似的話。

每個國家的人都有言論自由，無論如何壓制人民，他們總會找到方法來抵抗。

你有很多種方法將自己的推文發到 Twitter 上，所以很難被「屏蔽」掉。如果想要想關掉 Twitter，你必須關掉所有的行動通訊工具。所以，我們自身才是 Twitter 的唯一絆腳石。Twitter 是不可阻擋的。

@ # ★

我們在南方公園的辦公室裡只有十二個人。我那時住在柏克萊，每天搭地鐵回家。某天的晚上七點，我鑽進地鐵站，跳進一節車廂裡，打算穿過位於舊金山灣的隧道回家。當我剛踏進車廂時，便聽到旁邊的人在小聲嘀咕關於地震的事情。

哇！有人在說「地震了」，而我正在海灣下巨大的隧道裡。這地方在地震時可不安全，我是不是應該趁著門還沒關趕緊下車？我看了看周邊的人——許多下班的人擠在附近，這是驚慌失措？還是單純是下班時間的高峰期？

我看了一下手機，看到一堆關於地震的 Twitter 消息，其中有一條寫道：

呃，只有芮氏四點二級。

其他的報導也說這只是一次小地震。

哦，這下我總算放心了。

Twitter 不再只是我的消遣娛樂，也不只是一個能逗我笑的小應用程式。現在，它能解決我的問題——是應該留在車廂中忐忑不安？還是就算會耽誤了購物、溜狗和與麗薇亞見面的時間也應該立即下車？讓我能對這個問題做出解答的，是一群形形色色的人，甚至沒有一個人是地震領域的權威人士；然而，這些建議卻具有意義。Twitter 實實在在地改變了我的生活。

我們的本意可不是要發明一個幫助人們判斷地震影響力的工具，搞不好這就是我們的下一個目標。但 Twitter 最大的貢獻是：即使最簡單的工具也能賦予人類力量去成就偉大的事業。

@ # ★

Twitter 只是一個小應用程式，但其用戶數量卻以幾何級數的速度增長。它的成長帶來了讓我們意想不到的結果。由此，我們發現了社群媒體作爲展現人性的平台的真正力量。

二〇〇八四月，詹姆斯．巴克（James Buck），一個柏克萊大學的學生，在埃及參與了一個反政府組織的媒體研究專案。他一直在追蹤反對黨的消息，但始終覺得很難得知他們集結聚會的時間，因此無法參與其中。最後，詹姆斯不得不問他們是如何組織示威遊行並分享資訊的，他們告訴他「我們用 Twitter」，並把 Twitter 介紹給他（鑑於詹姆斯來自舊金山，不得不說這有點諷刺意味）。

一周之後，詹姆斯參加了下一次自發的反政府示威活動。後來，當他來到 Twitter 辦公室對我們講述他的經歷時，他說埃及的員警習慣留著大鬍子，就跟美國職業棒球大聯盟的選手們一樣。他說：「當我看到好多大鬍子時，就覺得可能要出事了。」

他參加了抗議活動，大鬍子們也如期地出現了。最終，詹姆斯和一夥人被抓了起來。不知是什麼原因，員警沒有拿走他的手機，只是把他扔在了警車的後座上。他當時被嚇壞了——一個美國年輕人在埃及被員警逮捕，誰知道接下來會發生什麼事。他偷偷摸摸地發了一條推文：

被捕了。

已經回到美國的朋友知道他去了哪裡，也知道他在做些什麼。他的朋友知道他並不是在開玩笑，他應該是遇到大麻煩了。他們聯繫了柏克萊大學的校長，校長馬上聯繫埃及的律師營救詹姆斯出獄。他的下一條推文是：

被釋放了。

這對詹姆斯來說是一件好事，對我們來說也是一個很好的例子。無論有無使用 Twitter 的任何人，從新聞裡聽說了詹姆斯的故事後，都會立即聯想到各種 Twitter 可能成爲他們救命稻草的情況。以下，我特意虛構了幾個關於巧妙使用 Twitter 的小故事：

1. 地震了，你被困在廢墟下面，你的手機電量所剩無幾，只夠給一個朋友發一條簡訊，或是發一條推文給成百上千的人。你會選哪個？
2. 在印度，一位農民用一個破舊的手機發了一條推文，詢問他家約八十公里外的市場裡某種農作物的價格，得到答案是他原本定價的兩倍。Twitter 改善了他與家人一整年的生活。

3. Twitter 也可以是新聞的一部分，它成爲彭博新聞社新聞來源的一個補充。如果彭博新聞社發現有三條來源不同的推文都指向一件重要的事情，那麼它就應該投入精力去調查這件事。

4. 資訊透過轉發可以在數分鐘內大面積地擴散開來。在短短一分鐘內，幾百萬人就能注意到同一個重大事件。

我想像的可能性越多，就會越清晰地發現 Twitter 的完整價值實際來自於人們如何使用它。作爲一間公司，我們本應大肆吹噓一下自己的技術有多麼偉大（想到失敗鯨，就覺得這麼說有點自欺欺人），但我們對於人們如何應用 Twitter 與 Twitter 能達到的效果更感到歡欣鼓舞。這也算是個奇怪的現象吧。一般公司向媒體釋出的資訊都是關於它們的產品如何偉大，試圖透過媒體的吹捧讓大家對該產品產生興趣。但我們不可能過濾所有由系統發出的推文，我們會讓報紙媒體去 Twitter 上尋找最近有改變、甚至拯救生命的故事，而不是告訴它們要如何吹捧我們自己。

這並不是說 Twitter 本身有多勇敢，而是因爲有很多勇敢的人在做勇敢的事。Twitter 對於記者來說是一個時髦的新事物。我們打造了一個價值上億的品牌，就是因爲我們將那些不斷發展變化並且不可思議的人性集結在同一個平台上。

我們自己也驚詫於 Twitter 使用的廣泛性。在短期內，所有的美國國會議員都用了 Twitter，哇唷，我可從來沒奢望過名人也會用 Twitter，成爲名人的祕笈就是與公眾保持距離，只能讓公眾在螢幕上看到他。爲什麼一個明星會分享他每天的生活從而減少他的神祕感呢？我沒有想到的是，Twitter 提供了一個平台，使得他們可繞過經紀公司，直接和自己的粉絲互動。正如我已經意識到 Twitter 的人性化讓大家喜歡它，名人也希望自己看起來像個正常人一樣。

@ # ★

在 Twitter 公司正式成立一年後，我們遇到了一些創業過程中的問題，其中一個問題便是我們的海外電信營運服務商。在美國國內，我們和絕大多數電信營運商達成了協議，使用者透過簡訊代碼 40404 發送 Twitter 基本上都是免費的。但在歐洲和加拿大，我們一直在爲使用者發送 Twitter 產生的電信費用埋單，一個月的費用就高達六位數美元。海外的電信營運商不同意爲 Twitter 提供免費的電信服務。

我們的海外服務系統是臨時配置的，只靠一台筆記型電腦維持，上面有手寫的幾個大字：「不要拔掉電源」。那些讓人無法忍受的高額帳單觸發了我的臨界點。每當帳單寄達的時候，我都會走到那台筆電前面拔掉電源，關閉 Twitter 的海外服務。接著我在 Twitter 的部落格上寫道：「我們剛剛關閉了海外服務，因爲營運成本實在太高了。」我想，如果有足夠的人站出來關心這件事，營運商會和我們達成協議，提供免費的電信服務。結果的確如我所言。

如果從圖上看 Twitter 使用者數量的增長曲線，在二〇〇八年它變得非常陡峭，連我們也覺得有點誇張。但如果你再看看接下來的幾年，那麼二〇〇八年就是小巫見大巫了——我們的成長速度非常有戲劇性。我們並不擔心獲利的事情，投資人也清楚像我們這樣的產品一定要先做大，然後再談獲利。伊凡總是說：「如果一個產品有一百萬名以上的活躍用戶，那麼它是能賺錢的，所以別著急。」

同時，我們在技術上還是麻煩不斷，伺服器總是當機。我們的使用者增長得越快，服務系統就越難穩定，公司的成長受到了自身的限制。

Twitter 的風靡在董事會中產生了一個不好的效應。所有人都希望 Twitter 能正常運作。我們的首席執行長傑克是工程師出身，之前沒有管理公司的經驗，所以一些有領導經驗的人想要取而代之。於是，董事會決定把傑克撤掉，讓伊凡回到首席執行長的位置上。不得不說，這產生了很不好的影響。

當我被告知他們準備趕走傑克時，我請求董事會再給傑克一年的時間來證明自己。但三個月之後，也就是二〇〇八年十月，他們在沒有通知我的情況下就突然解雇了傑克。我是在之後的一個周三早晨才知道的，當時伊凡叫我去他的公寓找他。他家離我們的辦公室有兩個街區，大約半個小時車程。當我趕到的時候，我發現伊凡還召集了傑森．高德曼、首席技術官葛瑞格．帕斯（Greg Pass）、首席科學家阿杜爾．喬杜里（Abdur Chowdhury）。葛瑞格和阿杜爾是在二〇〇八年七月我們收購 Summize 時加入 Twitter 的，他們的加入給我們帶來了更多的技術，可以讓人們直接搜尋到公開的推文。我們四個人估計是最早知道傑克被解雇的高級幹部了。

我們一起來到了伊凡的住處，伊凡說：「董事會決定解雇傑克，由我代替他出任首席執行長。」接下來是短暫的沉默。

葛瑞格說：「天吶！」

我說：「傑克在哪裡？有人知道傑克現在在哪裡嗎？」無論怎麼樣，我都知道傑克現在肯定不好受，他剛剛被自己全心投入的公司一腳踢出門。

就在伊凡通知我們的同時，傑克也從董事會那裡收到了自己的免職通知。我立刻給傑克發了簡訊。我從伊凡家出來後，就和他一起共進午餐。傑克非常沮喪，那種感覺很難描述，就好像他的胃被重重打了一拳。我建議他應該把這個消息和整個團隊說明，並做一個漂亮的離職演講，對董事會的決議表示肯定，告訴大家自己將在一個更高的層面以董事會主席的身分來支持公司的發展，並且對公司的未來充滿信心。

傑克喝了一口湯，然後說道：「我會像賈伯斯一樣，有一天我還會回到這個位置上的。」當他說這話時，表情有點震撼，好像想起賈伯斯可以讓他感覺好過一點。

就像在西南偏南大會的頒獎活動中一樣，我為傑克寫了一個簡潔的離職演講稿（其中包含一整段誇獎我自己是如何迷人帥氣、幽默風趣的內容）。儘管當時傑克感覺有些消沉，但他還是稱讚了整個團隊，看似比較積極。

事實上，伊凡作為幕後的首席執行長已經有很長一段時間了，團隊裡很多人都是從Odeo隨著伊凡過來的，那時他就是我們的首席執行長。在我每周的內部信件中，我經常稱傑克為「無敵領袖」，幫助他樹立領導地位。現在我只需要穩穩當當地跟在伊凡後面就好了。

在傑克離開公司之後，我又和他醞釀著設計一個蘋果手機的應用程式，方便人們在上面寫日記。我們晚上會在酒吧碰頭，一邊動腦，一邊興致勃勃地摸索世界，這爲之後我們的繼續合作創造了機會。後來，傑克有兩周時間不見人影。當他再次出現時，他說自己正在和一個叫吉姆的人一同開發新程式。

「透過智慧型手機就能識別信用卡上的磁條，這能讓一部手機化爲信用卡讀卡機。」他告訴我。

「哇，這眞是太瘋狂了。」我說道。

傑克用這個點子再次創業，這就是Square。我成爲他的天使投資人，只要是有傑克衝鋒陷陣的專案我都願意參與。

@ # ★

由於首席執行長的更迭以及技術上的問題，整個團隊都提不起精神，工程師只是互相推諉和埋怨，我們也成爲技術界的笑柄。還是老辦法，當所有的招數難以應付時，我們還是要求助於《星艦迷航記》。在《銀河飛龍》（Next Generation）的一集中有這樣的一個橋段，講的是畢凱艦長和克拉夏醫生在凱斯普瑞特三號星球上被一些星球居民抓住，這些居民在他們兩人的體內植入了一種收發器，可以讓他們彼此知道對方心思。一個場景是他們兩人失去了前行方向，畢凱艦長說：「這邊！」但醫生透過那個裝置讀心後說：「你實際上也不知道該朝哪邊走，對吧？」畢凱艦長承認了，作為領導者就意味著有些時候要能營造出自信的氛圍。

這也正是我展現自己領導力的方式。我經常說：「這就是現在我們要做的，這就是正確的事。」我要傳達給大家一種使命感，我們要致力於遠大的目標。當時，二〇〇八年的美國總統大選正如火如荼地進行著，兩位候選人都有自己的 Twitter 帳戶。選舉之夜對於 Twitter 來說至關重要。是的，那是一次歷史性的選舉，其結果將指引美國朝向不同的方向發展。但我所關心的則是另外兩件事：第一，在大選過程中 Twitter 是否能正常運作；第二，我們怎樣才能利用這個難得的歷史事件重振團隊的士氣，讓團隊重生。

@
\#
★

在大選前的幾個月裡，爲了解決系統容量的毛病，我們整個團隊都在拚死地工作。總統候選人可能感覺這是一場他們個人的表演，但作爲一個新聞媒體，我們覺得這也是我們自己的表演舞台。我不得不說，這個機會很難得，整個團隊再次團結在一起。

選舉日所在的那一周對 Twitter 來說實在太重大了，對於整個美國或是全球來說也是如此。選舉之前，我給團隊發了一封很長的信件，標題是「爲資訊的民主化添加一個新功能吧」，全文如下：

嗨，大家：

結隊飛翔的鳥群有個驚人的特殊能力——彷彿化為一體般的迅速反應。表面上看起來像是透過排練，其實只是依據簡單的規則優雅地翱翔。二〇〇七年春天，一款新的社群媒體應用程式誕生了，它讓人們使用相同的「魔法」互通有無，但這在當時只能算是驚鴻一瞥。在接下來的二〇〇七年西南偏南大會上，Twitter 展現令人難以置信的功能讓它一鳴驚人。

現在，全世界都聚焦於美國大選，此事也成為美國歷史上最大型的公眾交流事件。Twitter 已經成為競選過程中的有力工具，這在以往從未有過——三十七名國會議員都在使用 Twitter，兩位候選人也都有活躍的 Twitter 帳戶。成千上百的一般公民都可以對即時訊息品頭論足，就連社運分子也在用 Twitter 組織抗議活動。他們都在使用 Twitter，Twitter 把他們凝聚成一個整體。

好吧，我承認這有點誇張了，但我希望整個團隊在收到這封信時，能夠拋棄固有的一些消極想法，由衷地說：「唷，原來我的工作這麼重要！」我想讓你們把信件分享給你們的家人，告訴他們，「看，我在做一件驚天動地的大事。」

周二的選舉之夜，整個團隊都堅守著崗位，以確保萬無一失。我們邀請了大約五十多人加入團隊，爲他們提供飲料與食物，一起守在大螢幕前等待選舉結果。接下來，奇蹟發生了，Twitter 系統支撐住了超過平日五倍的流量，而且沒有崩潰、當機。

伺服器撐住了，美國也產生了第一位非裔總統，這就是那一晚我們辦公室的頭條新聞。請叫我們「以實瑪利」（Ishmael）——那一刻我們的失敗鯨消失得無影無蹤，在這個猛獸安全離去之後，我們也迎來了第一位擁有 Twitter 帳戶的美國總統。

幾周之後，在印度孟買發生了一系列恐怖攻擊事件，危險中的人們使用 Twitter 回報現場的即時動態，在有些情況下，Twitter 甚至成了生命救援熱線。

無論何時何地，人們都能發現 Twitter 和他們的生活息息相關——從閱讀影評到幫助無家可歸的人募資。當我們全力以赴時，世界才會知道 Twitter 究竟爲何物。

我並不是唯一意識到 Twitter 巨大威力的人。二〇〇八年七月三十日，一場芮氏五點四級的地震襲擊了南加州。官方發布地震資訊的時間是上午十一點四十二分，但 Twitter 有人披露的地震時間要更早。地震發生九分鐘後，也就是十一點五十一分，美聯社也發布了五十七個單字的警報資訊。而就在這九分鐘裡，Twitter 上有三千六百條有關地震的資訊發布。不過僅僅九分鐘的新聞空窗期，Twitter 已經擁有了能夠湊成一本厚書的訊息量，而且都是第一手資訊。當然，Twitter 並不是傳統意義上的新聞媒介，我們的資訊來源也不是百分百準確的資料，這是事實。這些訊息是發布人自己寫下的，並且只有一百四十個字或者更少，Twitter 提供的就只是速度而已。美聯社也在盡其所能提供最新的新聞，但 Twitter 的用戶遍布全球，每一秒都有新的資訊發布。

無論這種方式是不是未來新聞的方向，但至少目前是一種有效的補充。以最快的速度獲取資訊，是你在這個星球上最需要的能力之一，利用 Twitter 你便可以立即知道世界上很多地方正在發生的事。

在舊金山灣區，很多事都和地震相關，人們也經常討論怎樣才能更好地防範地震。二〇〇八年七月三十日，人們在發生地震的同時就透過 Twitter 發出訊息，沒有什麼能阻止他們使用 Twitter ——發推文的衝動和地震本身一樣無法被阻止。這些推文描繪出一幅地震強度的地圖，並且 Twitter 的傳播速度比地震本身還要快。從某種意義上，可以說 Twitter 的能力打敗了地震的衝擊。

這種能力可不是在談論早餐或是播報正在發生什麼事，而是在預測將要發生什麼事。一些從事緊急救援的專家發現，Twitter 可以做到他們的專業系統做不到的事，他們想和我們一起工作，搭建一個緊急救助系統的 Twitter 平台。但我認為這還有點為時過早，畢竟我們的系統還不是完全可靠。我們不想因為 Twitter 的系統處於崩潰狀態而耽誤了緊急救援的最佳時機，或者因而造成不必要的人員傷亡。

不管怎樣，一場地震讓我和整個世界都重新認識到 Twitter 的巨大潛力。為了實現這種潛力，我們需要的是無所不在的普及度和堅不可摧的可靠性，而這兩點都需要我們透過不斷的努力才能達到。

@ # ★

二〇〇九年一月，我們搬到了位於布萊恩街的新辦公室，算是逃離了那個令人驚恐的南方公園辦公室，不過仍保留了每周一次的全公司點心時刻。點心時刻源於Google的一個傳統，每周五他們都免費提供啤酒和小吃。傑克喜歡喝茶，所以我們用茶替代啤酒，大家可以一起放鬆一下，一邊喝茶、吃餅乾，一邊聊聊本周的工作進展。不過，當大家知道冰箱裡面還有啤酒的時候，就沒人再喝茶了。有一次，我們招待《連線》雜誌的一名記者來參加我們的點心時刻，當時他要撰寫一篇有關Twitter的文章，可是他一直默默地坐在角落裡，對我們的聊天細節似乎沒什麼興趣，只想大概了解一下Twitter的世界。

「嗨，大家，我不是有意打斷，但一架飛機剛剛在哈德遜河墜毀了。一個前去救援的人用他的蘋果手機拍了一張照片，發到了Twitter上。」

聊天一下子被打斷了，我們都湊過去看他的電腦。那是一張很震撼的照片，一架美國航空公司飛機的機翼插在哈德遜河的中間，機翼上站著一群西裝革履的人。

對我們來說，二〇〇八年的選舉之夜絕對是一個亮點，因為我們將系統容量進一步增加，而這一次也同樣增長了 Twitter 在社群媒體的地位。人們有許多數位溝通方式：電子信件、簡訊、即時通訊和推文。無論你選擇哪種方式，它們在時間和空間上都各有千秋。當一架飛機在你面前迫降於哈德遜河時，你選擇了 Twitter ——你沒有發信給你的朋友，而是選擇了發推文。當然是 Twitter！

@ # ★

二〇〇九年四月七日，我發現我的電子信箱收件匣滿了。我辦公室的電話裡還有一些留言，都是來自媒體的，他們都在問同樣的問題：今天在摩爾多瓦發生的學生抗議活動中，Twitter 扮演了何種角色？

呃……哪裡？

我原本想直接回覆道：「好吧，我們並不喜歡摩爾多瓦目前的狀況，所以我們按下了 Twitter 辦公室牆上代表摩爾多瓦的紅色按鈕，發動了起義。」

還好我沒有這麼做，我在維基百科上查閱了一下摩爾多瓦，發現它是一個地處羅馬尼亞和烏克蘭之間的國家（這兩個國家我還是知道的）。摩爾多瓦的學生自發組織起來抗議總統大選的結果，他們認爲選舉過程疑似造假。而因爲他們使用 Twitter 組織了抗議活動，所以媒體稱之爲「Twitter 革命」。

我想像用戶使用 Twitter 的場景逐一成爲現實，甚至有過之而無不及。所有事件都源於一個當年傑克和我互相分享早餐吃了什麼的應用程式。我沒有必要再告訴我的員工他們所從事的工作是何等重要，事實已經很清楚了。

正如我於二〇一〇年十月十九日在《大西洋月刊》（*Atlantic*）上刊登的一篇文章所解釋的，對於 Twitter 如何改變世界，有一些人的反對觀點有點太過激動了。在《紐約客》（*New Yorker*）雜誌上，麥爾坎・葛拉威爾（Malcolm Gladwell）寫道：「人們期盼一些華而不實的想法，使得創新發明者成爲唯我論者。他們總想把一些偏頗的事實和故事裝進他們的新模型中。」這讓我有些苦惱，因爲我們並沒有說 Twitter 在摩爾多瓦的抗議示威中擔任了多麼重要的角色；相反地，我們已經發出了明確的聲明，告訴大家 Twitter 並不是革命者的喉舌，Twitter 只是爲人所用，想辦法幫人們完成一些事情。這難道還不夠令人驚奇嗎？如果你給人們正確的工具，他們就能做出偉大的舉動。沒人會說因爲發明了電話所以柏林圍牆被推倒了，但電話是不是起了作用呢？是的！Twitter 證明，這種缺乏領導的自發性運動才是帶來變化的眞正力量。

@ # ★

在二〇一〇年年底的「阿拉伯之春」過程中，我不得不再次澄清 Twitter 的原則。阿拉伯國家的社運人士用 Twitter 或是其他社群媒體（比如臉書）來組織活動，我們或許可以據此判斷將會發生一場運動。如果 Twitter 在某一區域的活躍度逐漸上升，我們或許可以打電話給那個區域的獨裁者，「喂，你還是早點逃走吧。」

隨著「阿拉伯之春」運動的發展，突然間有很多主流媒體都想約我去聊聊究竟發生了什麼事。我的直覺告訴自己不能這樣做，不單單是因爲我怕自己說起全球議題時像個傻子，我也認爲 Twitter 不能「收割」，藉這個機會推銷 Twitter 的業務。運動中有人會死去，我怎麼能在電視上說：「我們是多麼偉大的一家公司。」

一方面，我們很願意成爲新聞事件的目擊者；另一方面，我們也要非常小心地處理 Twitter 在其中扮演的角色。當時我們還沒有媒體公關或類似的職位，所以實際上我變成了公司的發言人，由我來決定是否回應媒體與如何回應。董事會的一些成員和投資人都說：「什麼？你瘋了嗎？這可是個在全球曝光的大好機會！」他們的觀點是，只要我們能上電視，不管什麼時候，都意味著會有成千上萬的新用戶註冊Twitter。但我還是想對全部的主流媒體說「不」，我並不想惹惱他們，當然我會希望他們能報導一些關於Twitter的新聞，但不能利用現在這個事件來做宣傳。所以我給我的朋友、也是位公關專家雷蒙·納瑟（Raymond Nasr）發了一封郵件，把我對媒體邀請的回覆發給他，希望他能指點我。我的回覆其實非常簡單，「謝謝各位的關注，但此時此刻我們不想談論此事。」雷蒙平時說話很惜字如金，他回覆道：「很完美的答覆，再加上一個詞就好：『不恰當的』。」

最終我發出了信件，上面寫著，「非常感謝各位提供的機會，但我們認爲此時接受採訪或是發表一些評論都是不恰當的。我們已經在Twitter的官方首頁刊登了相關聲明。」

之後，我接到的大多數回信都寫著「瞭解了」。

當我想在 Blogger 工作的時候，我曾經憧憬過我在那裡工作的狀態，我相信這種憧憬會產生美夢成真的力量。現在，我對於人們使用 Twitter 的想像也已經成真，這感覺彷彿在做白日夢。

事情的變化非常迅速，而且一下子就嚴肅起來——突然間我們要面對如何處理與美國政府之間的關係。

一般情況下，我們都需要在某個特定的時間關閉伺服器以便進行正常的網站維護。準備維護的時候，我們都會以官方身分向使用者發出通知。但在二〇〇九年六月的某一天，當我們按照慣例發出正常的維護通知時，卻立刻收到了一百多通電話和電子郵件，內容都是，「你們現在不能關掉伺服器，此刻伊朗正在進行一場示威遊行。」伊朗當局已經關閉了其他的溝通方式，Twitter 目前是唯一的資訊管道。

在我們收到的信件中，有一封十分特別，這封信是我們的一名董事會成員寄來的。信件最初的寄件者是一位美國政府官員，所以這位董事會成員又將這封信轉發給我們。

美國國務院此刻不希望 Twitter 因爲系統維護而關閉。

傑森和我陷入了困境。我們需要進行這次系統維護，因爲我們已經基於各種原因延後維護了十三次，如果再不做維護，系統可能就要面臨永久性的崩潰以致無法復原了。

最後我說：「我們就再延後這最後一次吧。」我這麼說並不是要遵從美國國務院發來的指令——我根本不瞭解當時的局勢，但 Twitter 應該提供持續的服務，我們的工作就是讓它運轉得更好。不管伊朗正在發生什麼，都會對 Twitter 在全球市場的拓展產生非常重要的影響，而且這也能證明 Twitter 作爲即時溝通的社群媒體的重要性。

於是，我們重新指定了系統維護的時間，將其安排到下午，那時伊朗正好是午夜。在局外人看來，可能會覺得是因爲美國國務院透過專線電話給我們下達指令，所以我們手忙腳亂地更改了維護網站的時間。仔細想想，如果我們因爲美國政府的要求而延後了維護的時間，是否就意味著我們在爲它們工作。但實際上美國政府對 Twitter 是沒有決定權的，而且我們也不想幫美國政府或其他政府的忙，我們只是一個維持中立的技術和服務提供者。

二○○九年六月十九日，在完成了系統維護之後，我在 Twitter 的部落格上發表了如下資訊：

> Twitter 又回來了，現在我們的網路容量有了大幅的增長。原定在昨晚的維護計畫調整到了今天下午。一切都非常順利，我們只用了原計畫一半的時間就完成了全部維護工作。
>
> 我們和網路服務供應商決定調整系統維護的時間，是因為伊朗發生的情況對於 Twitter 不斷擴大的影響力具有直接的影響。儘管做出這樣的調整可能會有一定的風險，但我們還是決定改變系統維護的時間。面對這樣一個引人注目的全球事件，Twitter 應該提供持續的服務。

一想到 Twitter 這樣一個才成立兩年多時間的公司卻能夠在全球扮演這麼重要的角色，就讓我們覺得受寵若驚，而美國政府的做法更凸顯了我們的重要性。但是，有一點要特別聲明的是，美國政府並沒有影響我們的決策流程。儘管如此，我們都同意敞開資訊溝通的管道，對於全世界都具有積極的推動作用。

保持和政府的中立關係就是我們的立場。Twitter 只是一個溝通媒介，不爲任何國家服務，無論是以革命的名義還是幫助政府做調查。四年之後，也就是二〇一三年六月七日，克雷爾．米勒（Claire Cain Miller）在《紐約時報》上發表了一篇文章——〈科技公司對監聽專案讓步〉，說的就是「稜鏡計畫」（PRISM），一個美國政府的祕密監聽項目。文章中寫道：「當美國國家安全局前往矽谷要求科技公司提供使用者的私人資料時，Twitter 婉拒了政府的要求。」我對此感到非常驕傲。

亞歷山大．麥傑弗雷（Alexander Macgillivray）（他常被稱作艾邁克，我們的法務長），盡其所能地透過法律手段來維護我們的政治立場。我們不服務於任何政府，對於任何政府企圖接觸 Twitter 使用者資訊的行爲，我們都會嚴加防範，決不讓它們得逞。

我們竭盡全力維繫 Twitter 的純粹目標：我們希望任何地方的任何人都能隨時與他們認爲最有意義的人、事、資訊產生連結。爲了這個目標，言論自由是最基本的。一些推文是可以在一些受到限制的國家中產生積極影響的。這些資訊可以讓我們開心，可以讓我們思考，甚至還會讓很多人義憤填膺。我們對一些人使用 Twitter 的方式也持保留意見，但我們不以自己的意志爲由去篩選 Twitter 訊息，而是讓所有的資訊都能夠自由公布和傳播。

我相信資訊自由會爲世界帶來正面的影響。這是個符合現實與道德的信念：在現實層面，我們不可能審視每天成千上億條推文；在道德層面上，幾乎世界上每一個國家都同意言論自由是大衆的基本人權。

我們用了很長時間才摘掉了《歡樂單身派對》的標籤。我們正在成長的路上，我們發明的小巧且簡單的社群媒體也正在發生著巨大的改變。雖然我們沒有完全改變這個世界，但我們確實已經做了一些具有深遠影響的事情，並給予大家深刻的啓發：當你賦予人們更好的可能性時，他們會有豐碩的成就。這個世界並不需要單打獨鬥的超級英雄，只要我們一起努力，就能引領這個世界向著新的方向大步前進。

10 臉書奇遇記

馬克．祖克伯的五億美元收購計畫

Twitter毫無疑問吸引了全世界的目光！二〇〇八年年底的某個詭異的周一，那時伊凡剛剛取代傑克成爲首席執行長不久。我在家一如既往地醒來，但是偏偏選擇穿一件超怪的白襯衫出門。這件我幾乎從沒穿過的白襯衫，只是因爲我在衣櫥裡看到它，而且麗薇亞說我應該穿它，所以我就穿了。

我花了三十分鐘從家裡走到了柏克萊市中心的巴特地鐵站，打卡進到地鐵裡，坐在長椅上等待車來。乘地鐵從柏克萊市中心到舊金山蒙哥馬利大道車站需要二十三分鐘，期間要穿過舊金山灣區的海底隧道。這總讓我感到緊張。加上之前的快走，讓這件怪異的白襯衫都快濕透了。我覺得我穿這件白襯衫根本就是個錯誤。

拿著筆記型電腦，我又花了三十分鐘從蒙哥馬利大道車站走到了位於布萊恩街區的辦公室。當我踏入辦公室時，距離我起床已經超過兩小時了，這時我才終於清醒起來。

剛進辦公室時，傑森就告訴我，伊凡正在他的車裡等我。

剛上班就被通知要參加會議，這有點不太尋常，肯定發生了什麼大事。

「他爲什麼要等我？是要參加什麼會議嗎？」我問道。

「去了再說。」

於是我轉身走出了辦公室大樓。伊凡早就在他的保時捷車裡了。

我問他：「我們去哪兒？」

「帕羅奧圖。」

「啊！今天不就是我們去 Google 受訪的日子嗎！」我說：「我眞不應該穿這件白襯衫，實在是超怪的。」這只是一件普通的白襯衫，有點兒像西裝襯衫，但我就像中了邪，總覺得很彆扭。我應該把它塞進褲子裡嗎？這愚蠢的白襯衫讓我超不舒服，而且我們還要去 Google！

我們沿著一〇一號公路行駛。伊凡喜歡飆車，儘管他對我保持著一貫的耐心，但是今天我不經大腦的胡言亂語快要讓他生氣了。

「別碎碎念了，我們今天不去 Google，是去臉書。」他說。

「我們爲什麼要去臉書？」

「去見馬克．祖克伯。」

「爲什麼？」我們繼續前行。

「臉書想要收購我們。」伊凡有時就像一個謎，他說這些話時，臉上的表情竟然沒有絲毫改變。

「喔！那我們想要被收購嗎？」我問。

「我不知道，或許不想吧。」

我們兩人沉默了幾分鐘。伊凡繼續在超車道和行車道之間穿梭，一路狂飆。我想起上一次融資公司的估價，我們大概值兩千五百萬美元。

「臉書想要花多少錢收購我們？」我問。

「你想把公司全部賣給臉書嗎？」我繼續提問。

這次伊凡說「不」。

「那我們爲什麼還要去臉書？而且我覺得穿這件襯衫很奇怪。」

伊凡說，事實上這件襯衫很適合這次會議，並且我也沒有時間回去換衣服了。

我感覺他試圖結束關於襯衫的討論，而且對與馬克．祖克伯討論收購的事情也打定了主意。

「如果我們不想賣掉公司，或許我們可以開一個根本沒人出得起的荒謬高價，這樣我們既可以表示對收購邀請的感謝，也可以禮貌地拒絕他們。」

「那麼這個瘋狂的數字應該是多少呢？」伊凡問道。

「五億美元吧！」我脫口而出的是我能想到的最大的數字了。我還沒有說完就開始大笑不止，伊凡也開始狂笑。我們一路狂飆一路狂笑。想到馬克．祖克伯詢問我們的要價，然後我們說出五億美元時的滑稽場景，我們足足笑了幾分鐘。然後，伊凡說事情可能沒有那麼簡單，這次會面可能還不會談到具體的收購價格。

到了帕羅奧圖之後，我們停好了車。臉書的工作園區並不是太大，它的辦公室分散在帕羅奧圖市中心的幾座辦公大樓裡。我們走到了那裡，服務台的接待人員給了我們一個名牌，這樣臉書的員工就知道我們是訪客了。而且我們也很老實地戴上。

幾分鐘之後，祖克伯的一位助理來迎接我們。他帶領我們穿過在埋在電腦工作的員工，來到了一間簡單大方的辦公室。祖克伯坐在座位上，看到我們來了，他起身與我們握手，我們也禮貌地寒暄了幾句。

「你們不需要戴著這個名牌的。」他說。

「服務台要求我們這樣做，我們就照做了。」伊凡回答。

「對啊，她是這麼要求的。」我重複這句話。

祖克伯詢問我們是否想到處參觀一下，我們說當然，然後他就帶著我們走出辦公室。我們跟在他後面，他爲我們介紹一群埋在電腦裡工作的人，「這些是我們一部分的員工。」

我們搭電梯來到了一面有塗鴉裝飾的牆前，他說：「這是我們的塗鴉牆。」這當然是塗鴉牆，我們都稱讚它非常酷。

到了一樓，祖克伯問我們是否想參觀另外一座辦公大樓。伊凡和我交換了一下眼神，僅僅一秒鐘，我們兩人異口同聲地小聲嘀咕：「雖然有些彆扭，但最好還是跟著去看看吧。」

「當然，我們想去看看。」伊凡回答。

由於這些辦公大樓分布在帕羅奧圖的不同街區，我們就跟在祖克伯身後，戴著臉書的名牌，走在街道上，尤其是我還穿著怪異的白襯衫。

我們走進另外一座辦公大樓，祖克伯給我們介紹了更多的員工，他說：「我們有很多同事在這棟工作。」

是的，他是對的，這裡的人的確很多，就像另外一座辦公大樓一樣。我對伊凡做了一個「這到底有什麼意義」的無奈表情，伊凡強忍住不笑出來。

祖克伯建議我們談一談，然後找了一間空著的辦公室，這間辦公室僅僅放得下一把椅子和一個小型雙人沙發。祖克伯先走進去，坐在椅子上，接著我走進去擠在雙人沙發的一角。

伊凡最後走進來問：「你想開著門還是關著門？」

祖克伯的回答是：「好的。」

他是什麼意思呢？伊凡沉默了一秒，等待祖克伯的進一步說明，但是祖克伯沒有說話。然後伊凡說：「那我就半開著門吧。」他仔細地把門調整到半開的位置。

所有的一切——怪異的白襯衫、胸前的名牌、毫無意義的參觀、半開的門、小小的雙人沙發（伊凡貼著我半坐在沙發上，好加在他很瘦）、隨機挑選的辦公室，而且坐在外面的人都可以聽到我們在談什麼，讓整體氣氛變得無比彆扭。

我以一些冠冕堂皇的說詞開始了這次的會談，「祖克伯，我們很欣賞你的工作，我想我們的工作是類似的，我們都致力於讓資訊溝通更加大衆化。我熱愛這樣的工作。」

祖克伯用一種不太耐煩的表情看著我，似乎在說：「我得等這個穿白襯衫的小丑說完之後才能和聰明人談正經事嗎？」我能說什麼呢？我本來就個愛說話的人，有時候就連伊凡也會忍不住說：「畢茲，請問你是不是可以停一下。」就算是只有我們兩個人的會面，他偶爾也會說：「畢茲，我能說話了嗎？」

祖克伯迅速把話題轉回正事上：「我們是合作關係，我不願意討論收購的價格。」

「我也一樣。」伊凡快速回應。

「但是，」祖克伯補充道：「你們可以提出一個數字，我現在就能回答你們收購還是不收購。」

我們要怎麼做呢？伊凡猶豫了一下說道：「五億美元。」

哇，他還真敢說出這個數字啊！正如我之前提到的，伊凡是一個腳踏實地的人，他喜歡設計那種能提高生產效率的應用程式，讓你制定任務清單並且進行核對。他所有的時間都是計畫好的，甚至會在日曆上標注和孩子玩耍的時間。但我敢肯定，向臉書的創辦人兼首席執行長開出五億美元的價碼，絕對不在伊凡的計畫內。我看了看伊凡，他正盯著祖克伯。

祖克伯稍微停頓了一下，說道：「這可是個大數字。」

這又讓我找到了一個開玩笑的機會，雖然很不適宜，但我還是插嘴說：「你說你只會回答是或否，但你卻說這是個大數字。」

伊凡笑了，但是祖克伯沒有。好啦，這不是我的會議，該死的白襯衫。

然而，祖克伯又說：「你們要不要在這裡吃午餐？」

我們同意跟他共進午餐，並且跟著他來到了另外一座難以形容的大廈裡。這裡是臉書的餐廳，裡面排滿了人，而且隊伍排出了門外（給執行長的免費小提示：少一些塗鴉牆，多一些餐廳工作人員）。這次輪到伊凡展示他的幽默感了。

「你不是老闆嗎？可以直接插隊到前面去領餐嗎？」伊凡開玩笑說。

「我們這裡沒有這樣的員工守則。」祖克伯說完就轉過身接著排隊，我們跟在他身後。祖克伯對我們來說就像外星人一樣難以理解，但我們對他來說應該也是如此吧。

我非常確定伊凡和我看到了一樣的場景：一條冗長且安靜的等餐隊伍，像學校餐廳一樣的午餐服務。更彆扭的是，祖克伯還在繼續指著隊伍向我們介紹：「這些是正在吃飯的員工。有些人好奇我們爲什麼沒多請些人幫忙分餐。」這時，我忍不住耍了那個老把戲，「哦！天吶！我們有件事還沒做！」

「對耶！是還有件事！」伊凡說。老朋友總能明白你說的「那件事」是什麼事。

「我們在帕羅奧圖還有其他事要辦。」我對祖克伯說。他半信半疑。很明顯我們不是一路人，我們的會談也是在雞同鴨講。最後我們離開了——「有些人正在離開」。

這次會面一開始就是個錯誤。如果你不是眞的想要賣掉公司，那就不必參加收購會談，因爲一旦別人給出了收購合約，你就必須認眞權衡利弊並且向股東彙報。企業家賣掉公司通常出於三種理由，其中沒有一條適用於 Twitter：第一，企業在競爭中瀕臨倒閉或者日漸式微；第二，企業家想要退休或者僅僅是爲了賺錢；第三，和對手企業相比，你的企業規模和對方根本不在同一個等級上，幾乎不可能獨自發展壯大（事實上，那時的 Twitter 經營慘淡。從技術上來講，我們處於幾乎要賣掉公司的困境中。被臉書收購或許是個好主意，但是我們還沒有準備好）。

不到一周，馬克．祖克伯竟然給我們發出了收購合約，現金和股票組合起來正是令人瞠目結舌的五億美元（此時掌聲響起）。事實上，那個數字毫無意義，僅是我能想到的最大數字，我甚至不知道世界上有沒有這麼多錢。一開始這只是個玩笑，沒想到卻變成了現實，這是我們自己創造的奇蹟。

這個合約是枚重磅炸彈，也是 Twitter 歷史上標誌性的一天。我們與董事會召開了電話會議，討論接下來該如何進行，伊凡草擬了一封令人信服的信件，說明我們不應該賣掉 Twitter。所有的跡象都表明，Twitter 註定要成功。我們才剛剛起步，我們一定會成功，唯一的方法就是不斷地努力前行。

事實上，我們依舊像 Twitter 成立的第一天那樣充滿激情，我們想見證 Twitter 的成功，我們想按照自己的規則來做事，哪怕有一天我們會看著它失敗。

再次強調，我想說的不是我的行爲，我必須承認那天我的行爲滿惹人厭而且幼稚。將那麼一大筆錢視作兒戲，藉此向投資者提出融資計畫，並不是成就事業的關鍵。我想說的是，相信你的直覺，即使對手比你強大無數倍。

@ # ★

幾個月後，在基準資本（Benchmark Capital）及機構風險合夥公司（Institutional Venture Partners）的新一輪融資中，Twitter 的預估價值爲二億五千萬美元。我荒唐開出的價碼，卻因爲臉書的收購合約而推高了 Twitter 的價值。誰知道這是什麼原因呢？

我對於企業價值思考了許久，但卻覺得沒有什麼科學根據。企業都是從零開始做的，忽然有一天你發現自己在某個會議室裡面對著一大群人，他們可以花幾百萬美元買間半成品公司的幾個百分比股權。你爲自己的公司估價，然後進行企業包裝，並說服投資者進行投資。

今天，Twitter的市值已經高達一百五十億美元了，有一天可能會達到一千億美元。馬克．祖克伯先生，這可是一個非常非常大的數字！

最近，我和基準資本的一位合夥人在史丹佛大學聯合講授工商管理碩士課程。這學期討論的焦點問題是：基準資本應該在何時、何種水準的前提下投資Twitter？學生們做了很多有關公司、市場、競爭以及企業價值估算的調查研究，希望有助於定價。其中一個主要的定價依據就是臉書給出的五億美元收購合約，這常讓課堂上的我感到好笑。面對這群努力學習的工商管理碩士，難道要我說：「你們知道這個數字僅僅是一個瘋狂的玩笑而已嗎？」

二〇一二年，臉書花了總計十億美元的現金和股票收購了Instagram。十億美元！當伊凡和我行駛在帕羅奧圖的公路上時，我無法想像出那麼高的價格。我猜馬克．祖克伯也會從上次和我們的會面中有所收穫，他可能不會再那麼小氣地搞一個股票加現金的五億美元對價，他可能會對 Instagram 的創始人凱文．希斯特羅姆（Kevin Systrom）說：「你在這個專案上花了十八個月，所以我給你十億美元。」我想，對於一個事業剛起步的人，誰會拒絕呢？

11 群體的智慧

#話題標籤，@某人，轉發

二〇〇七年，人們才剛開始將在 Twitter 上發布的訊息稱爲「推文」（tweets），稱發新訊息爲「發推」（tweeting）。在早期的新聞文章裡，線上的語法還會對此特別標明。我喜歡這種語言上的小變革，但在公衆場合或者公司內部，我們只是將其稱爲「訊息更新」（updates）以及「發訊息」（twittering）。

Twitter 工具列會顯示的使用資訊，包括你發送了多少條新訊息等。傑森和我曾經討論過是否要把「訊息更新」更名爲「推文」。但我並不想馬上套用這種用戶創造的新名詞，我希望讓用戶擁有自創名詞的樂趣，就好像 Google 已經成爲網路搜尋的代名詞。我擔心如果公司官方使用了這種說法，就會讓使用者覺得好像是父母在說這件事很酷一樣，我不想混淆這種美妙的感覺，所以我們推遲了正式使用「推文」這個詞的時間，而一直使用「訊息更新」來稱呼。當被問起這個詞彙的意思時，我說，我們的服務稱爲 Twitter，而用戶使用時當然就是稱作「訊息更新」（當時沒有哪家公司用過「推文」這個詞，因此在註冊這個詞的版權時，我們費了好大的功夫）。直到二〇〇九年夏天，因爲「訊息更新」這個說法有點太籠統，所以「推文」這個詞逐漸普及。我們最終將程式中所有的「訊息更新」都替換成「推文」，這讓我萬分激動。

@ # ★

我們傾聽用戶的聲音，資金永遠投向客戶的需求。我們會關注使用者系統給的資訊，按照使用者習慣改進系統功能。程式語言 Perl 的創造者賴瑞．沃爾（Larry Wall）曾經說過：「人們在歐文鎮建造加州大學時，就只是蓋了些房子、鋪了些草坪而已，他們並沒有設計人行道。第二年，工人按照草地上自然形成的小路修建人行道。Perl 就是這樣一種程式語言，它不是按照規則設計出來的，而是在人們使用的過程中逐漸完善的。」「#話題標籤」、「@好友」、「轉推」，都是這樣自然出現的。

二〇〇七年西南偏南大會召開前夕，我的朋友克里斯．梅西納（Chris Messina）來到我們的辦公室。他那時開設一家名叫公民代理（Citizen Agency）的顧問公司，也是首批Twitter用戶。當時我正在吃一個超大號的墨西哥卷。克里斯說：「你們應該增加一項功能，如果人們輸入『#西南偏南大會』，就意味著發布的是西南偏南大會的相關訊息。」

傑森和我非常禮貌地聽了克里斯的建議，但私底下我們都覺得這個主意有點太科技宅了。後來很多人開始使用話題標籤，我想這項功能就是克里斯首創的。這種話題標籤大概流行了一年多。二〇〇九年七月，我們決定爲話題標籤建立連結，Twitter的搜尋功能將自動搜尋相關內容。舉例來說，當你點擊「#西南偏南大會」時，螢幕上便會顯示相同話題標籤的搜尋結果。這項功能太簡單了，我們都不確定是否有人願意使用它，但嘗試一下總沒有壞處，而且這似乎是一種歸類搜尋結果的好方法。今天，話題標籤已經非常普及了。

此外，Twitter用戶可以用「@某人」這種特別的方式來指定訊息傳遞對象。比如，你的Twitter一開始就寫「@畢茲」，意思就是這些話是對我說的，尤其是當一群人在聊天的時候。早在二〇〇七年我們就支援這項功能，「@用戶名」能夠直接連結到這個使用者，並且展開對話。「@某人」並不是什麼新鮮事，最早在線上聊天室裡就有人用它來指代之前某人發表的意見。例如，你可以寫：「我完全同意樓上@

張三的說法。」

隨著「@某人」功能的演進，我們也在不斷改進它。人們不僅用它特指某人，也會特指某件事情。例如「我從@巴特車站搭車上班」。

二〇〇九年，我們開始用「@回覆」指稱「前文所提及的這件事」，並在個人或事件頁面裡進行彙整。這樣用戶就可以很容易找到他之前提到的內容。經過我們的串聯後，人們就可以在Twitter上追蹤相關對話了。

轉推的出現就更加具有爭議性了。我們注意到，某人可能喜歡某個推文，然後他就會把這個推文複製貼上，發布在自己的推文裡。當他想要引用某條資訊時，如果發現超過字數限制了，那麼他就必須刪減原始的推文內容。然後，他需要在前面標註「轉推」，以說明這條訊息是轉發來的。

所以，我們認為這是一個有用的功能。如果一條推文是有價值的，那麼人們就會轉發它，好的想法也就可以傳播開。於是我們設置了一個轉推鍵，但是轉發的推文是不可以進行修改的，這樣人們在轉推後就不會造成誤解了。轉發的推文會以它原本的面貌呈現在你的Twitter介面中。同時，轉推的功能簡化了複製貼上的動作。有些知名的推文被轉發得非常快。如果一個人本來只有十七名關注者，而他寫了一條不錯的推文，我又有兩百名關注者，在我轉了他的推文以後，他的 Twitter 就會像星火燎原一般迅速地傳播開。

轉推鍵給我們提供了非常有用的統計資訊。如果某條推文被轉發的數量很多，代表這是一件非常有趣或者重要的事。我們會置頂這些熱門話題，並且創造了名爲「發現」（Discover）的區域，將那些高轉發量的推文標記在這裡。

一開始人們對於轉推的推文不能被修改感到有些不滿，他們已經習慣了對推文進行編輯，並且希望保留這種權利。有時候人們抗拒改變，不過我們也立場堅定。我們要保證原始推文的公正度，這樣我們和用戶就可以追蹤推文，知道這句話到底是誰說的。因此，沒有人可以僞造被轉發的訊息。這既是我們聽取用戶意見的結果，也是我們堅持對社會以及我們的服務負責的表現。我們非常有信心，也相信那些對此不滿的人會明白我們的良苦用心。

@ # ★

這些功能是大眾智慧的結晶，新功能的出現都是群體選擇的結果，這種自然命名法的演進過程也是我要向所有 Twitter 新員工傳達的精髓。我們的工作就是要關注大衆，敞開心扉去傾聽、尋找規律，這樣自然會找到答案。

這種非同尋常的商業模式在很多傳統領域可能不太適用，因爲在傳統模式裡，你可能無法直接接觸到最終客戶。如果你是籃球生產商，那麼你一定無法接觸到所有打球的人。但是我們能做到，我們可以閱讀每一條推文。雖然我們不會逐條閱讀，但是我們每天都在更新訊息，所以，這種商業模式特別適合 Twitter。我們從用戶使用 Twitter 的情況中受益，它令我們大開眼界。

@ # ★

我想，我是在遵循自己的理想建立 Twitter 這間公司，但事實上，一路走來，我打造了一個品牌。Twitter 這張名片的辨識度非常高，我們吸引了許多的媒體與精英人士，他們之前可能習慣用臉書，但現在更傾向於使用我們的服務——而且和臉書相比，我們的團隊規模可是小很多。

二〇〇八年十二月，我們舉辦了第一次假日派對。地點是舊金山千禧素食餐廳

（M illennium）的紅酒屋，在 Odeo 時期我們就常常在這裡舉辦派對。我們只有十二個人，所以可以在一間小屋裡舉辦派對。最近我找到了派對當時的簡報檔。我們仍然對 Twitter 的用戶數量保密，但我可以說，西南偏南大會時候的四萬五千名用戶，僅過了一年時間就增長到了六十八萬五千名。這的確是不錯的成績。媒體都猜我們大約有一千萬名用戶。而無論何時別人問我 Twitter 的用戶量，我總是回答：「用戶數量並不重要，重要的是使用者覺得我們的服務有用而且有趣。」堅持自己的理念是有收穫的——在我們的服務眞正完備之前，我們已經擁有了一個超強的品牌。

兩年以後，我們用戶數量已經達到甚至超過了一億。二〇一〇年，在 Twitter 首次使用者大會（Chirp Conference）上，面對 Twitter 發展社群的一群專業用戶，我走上台說了相同的話：「用戶數量並不重要，重要的是使用者覺得我們的服務有用而且有趣。」但這一次，我點開簡報檔的最新一頁，補充了我的發言，上面寫著：「一億四千名用戶」。

就算謙虛，還是得講究時間和場合啦。

12 你可以駕馭事實

越發嚴謹的職業態度

二〇〇九年三月、在慶祝我三十五歲的生日時，我發了一條推文

今天是我的生日。慶祝我而立之年的人生！

一個八卦網站被這條推文誤導，試著以此做點文章。但我就當它是我和我的老師史提夫．斯奈德一起玩的老把戲：兩句眞話會演變爲一個謊言。有一次，我和他們一家去布魯克林的中餐廳「金色年華」，有人問他：「這位是您的兒子嗎？」史提夫說：「瑪琳和我是一九七三年結婚的，畢茲在一年之後出生。」這兩句完全不相關的眞話，讓他的回答聽上去就像「是的」。

在我做設計師的那段日子裡，我爲自己的工作室做了個網站。爲了讓首頁看起來更精緻，我找了一張可以俯瞰花園的辦公室照片放了上去。某天，我去一所學校

參加會議，希望有機會爲一套書進行裝幀設計。一位女士對我說：「我非常喜歡您的辦公室。」事實上我剛從老媽家陰暗潮濕的地下室裡出來，完全不明白她在說什麼。後來我想，她一定以爲網站首頁上的那張照片是我的辦公室。

我沒有說謊，這也不完全算是一句謊言：「哦，對啊，那的確是夢想中的辦公室。」

我和麗薇亞在洛杉磯的那段窘迫日子裡，我們租住的公寓不允許養寵物，但我們還是養了兩隻貓。麗薇亞總是擔心房東太太會發現。我說：「就這麼做好了，如果房東太太發現了，還說：『我看到你養貓，』那你就這樣回答：『我們的朋友出城去了，我們在照顧這兩隻貓。』」這兩句話都是眞話，我們有很多住在波士頓的朋友，而且我們眞的在照顧牠們。

我想即使我已經三十五歲了，但有時仍會誇大其詞，所以給別人留下了我喜歡出風頭的印象，或者說是有些亂來吧。但是，我在事業上可是越來越嚴謹了。

13 為自己設定原則

不做回家作業以及強闖畢業舞會

這場遊戲一開始，我們就設定了自己的規則，包括如何回應我們的用戶、如何與政府互動、如何評估自我價值等等。

我在高中時期第一次體驗到如何爲自己設定原則。在第一個學年裡，我試圖把每件事都做好。我按要求完成了所有的功課，包括我的回家作業。曲棍球隊練習結束後，我還要去當地的超市打工。我每天晚上八點左右到家，然後吃晚餐、寫作業、睡覺，第二天繼續這樣的循環。

第一學年的第一學期，我嚴格遵守這樣的作息時間。完成歷史課的閱讀作業，數學課的習題，英語課、政治課、化學課、生物課等課程的回家作業。課業的負擔不斷加重，從某種意義上來說，我並不擅長閱讀或者做那些作業。事實上，我得比一般學生花更多時間去理解那些知識，並完成習題。但是在第一周，我決定努力完成全部作業，如果大家都能做到，我當然可以。

很快我就發現，如果要完成全部的回家作業，我幾乎要花一整夜的時間。我不能不參加曲棍球隊，那可是我一手創立的！我也必須打工貼補家用，就算老媽順利找到工作，也不足以應付所有開支。她把從小住到大的老房子賣了，換成了更小的房子，用差價來支付我們的生活費。過一陣子，她就會再賣一次房子，換個更小的房子。我們就這樣搬了好幾次家。在我高中時，我們一家曾住在一間地板異常骯髒、連牆壁都沒有粉刷的房子裡。現在我可以坦誠地說，我們那時非常窮困。老媽和我每周末都會修理房屋，試圖改善居住環境，但每次都需要花更多的錢。

這種做作業的情況顯然不能持久，我決定自己解決這個問題，執行「不寫回家作業原則」。我的計畫很簡單。我要充分利用課堂時間，盡可能聽講，努力理解講課內容，放學後不帶書本回家，也不寫回家作業。如果這些回家作業是用來強化課堂內容，那我絕對可以安然過關，因爲我已經努力利用課堂時間來消化和吸收這些知識了。從執行這個計畫的一開始，我就有種全新的感覺，唯一要做的就是向所有的老師解釋這件事情。

第二天，我到每一位老師的辦公室去闡述我的計畫。這些談話如出一轍：首先，我向老師們打招呼，並且介紹自己，然後解釋我在過去的兩周內一直試圖完成全部回家作業（或許我還應該暗示老師們互相溝通一下，他們累加給學生的作業負擔有多重）。我告訴他們寫完這些作業都凌晨四點了，我無法繼續承受這種課業負擔。最後，我介紹了自己不做回家作業的原則。

一些老師當場嘲笑了我，但他們最終都用自己的方式表達，如果我堅持這樣做，我也可以不寫作業，但這有可能會影響年度綜合評分。我表示願意承受結果。

從那以後，我就不寫回家作業了。但我在課堂上非常專心，盡力理解所有的講課內容。或許因爲我的課堂表現非常積極，並且一直把這項原則銘記在心，因此老師們也沒有懲罰我，換句話說，我的「不做回家作業原則」並沒有影響我的綜合評分。無論從哪方面來講，這都是我爭取來的成功。

我的高中同學麥特對這項原則的反應讓我印象深刻。麥特很優秀，但是回家作業對他來說也不輕鬆。雖然他非常用功，但是他還滿在乎各種考試、小測驗以及綜合評分的。某天放學時，我們一起走到置物櫃。麥特的書包裡面塞滿了書本，而我卻把背包裡的書全部拿出來扔進櫃子裡，打算明天才要看到它們。

當我把櫃門關上時，麥特看著我空空如也的背包，不解地問我要怎麼寫回家作業。

「噢，我有個不寫回家作業的原則。」我回答。

麥特露出了難以置信的表情，他緊張地笑著說：「你一定是在開玩笑。」

「麥特，」我帶點趣味說：「這裡是美國，我們可以做任何我們想做的，這就是自由。我給自己一個不寫回家作業的原則，而且這超棒的！」

我重重地鎖上櫃子，毫無壓力地走向曲棍球場，開始練習。

我並不是不遵守規則，我只是喜歡從廣泛的角度思考問題。為了完成作業，每天熬夜到凌晨四點太不切實際了，所以我必須改變規則。

這個故事並不是在說：「這個臭屁的孩子不寫任何回家作業，而且還可以完成學業。」儘管表面上看起來如此。但對學習來說，回家作業是很有幫助的，而且這只是我一個人的反對運動（當我小孩十二歲的時候，記得跟我說這句話）。不過，我的確喜歡以不同的方式思考事情，選擇對我更為有利的方式。這樣做對學校的管理上沒什麼壞處，嘗試一下也不會有任何危險。學校的目的並不是讓學生做作業，而是為了讓學生學習知識。當我意識到這一點後，就不再關心分數。高中時期，我會集中精力去學習那些我感興趣的科目，比如遺傳學這種高難度的科目我可以得A+，但其他簡單的課程卻只能拿C。雖然我沒辦法當個模範生，但是我有意識地選擇了自己的道路。從某種意義上來說，當一個人認爲老師或者其他人能夠知道什麼對自己比較好，這種想法本身就錯了。如果我可以透過自己的方式更好的完成目標，這難道不值得一試嗎？

在工作中，要做這樣的嘗試就更容易了。你是不是喜歡在燈光昏暗的房間裡工作？睡午覺後你的工作效率是不是會大幅度提高？你是不是更喜歡那些讓你感興趣的選題？在工作上你是不是還有其他的思考方式？制定規則是爲了幫助我們創造一種文化、提高生產力，邁向成功。但我們並不是需要被輸入程式的電腦，我們甚至都是「怪胎」。某些人有權威並不代表他瞭解的更多。如果你能統整老闆、同事與自己的目標，那麼工作中總會有能夠依照私人標準制定的彈性。另一方面，那些握有權力的人不應該強迫人們去固守某些規則。解決問題的方法永遠都是：認眞傾聽自己內心的需要以及周圍人的心聲。

@ # ★

請允許我再講一件青少年時期的事情。那是我第一次參加高中的學校舞會。通常我不參加學校舉辦的任何社交活動，尤其是舞會，因爲那種場合太容易讓人緊張和尷尬。補充一句，我和我的朋友都是「宅男」，課餘時間都在看漫畫或者打電動。

然而，高中畢業前的某日，我和傑坐在他家的閣樓上看蝙蝠俠漫畫。我突然發現，當天晚上的舞會將是我們高中生涯的最後一次了，我的同學們都非常期待這個夜晚，我們也不應該錯過。於是我放下了漫畫，對他說：「傑，我們不能錯過今晚的舞會。」

他抬起頭來驚訝地看著我，因爲我們從來沒有參加過。「爲什麼？」他問。

「因爲這是一種成長儀式，而且是我們最後一次有機會參加了。」我忽然激動起來，還發表了一篇即興演說，鼓吹這場舞會對我們來說多麼重要，如果錯過了我們會後悔一輩子。假如從現在起算二十年，未來當我們是三十八歲的老傢伙了，將坐在門廊的搖椅上搖頭嘆息，追悔爲何當初沒選擇去舞會（這時，我停下來思索了一下，想到未來我們有自己的車可以開了，這倒是很酷）。無論如何，我們必須去參加舞會。

傑輕嘆了口氣，放下漫畫，他看出來我勢在必行。

雖然傑已經被說服，但這個臨時決定似乎有點難以實現。現在已經是晚上八點四十分了，舞會大門將在二十分鐘之後關閉。舞會嚴格規定晚上九點以後就不再允許學生入場，而我和傑都沒有駕照，所以我們不得不騎著自行車趕去舞會。

我們穿梭在衛斯理的街道間，瘋狂地踩腳踏板，但是當我們靠近學校禮堂並且準備支付六美元的門票時，大門已經關閉了。副校長站在大門前，像監獄守衛一樣。我們只遲到了兩分鐘，真的。

我氣喘吁吁地說：「我們是來參加舞會的。」

「你們來得太晚了，不能進去了。」副校長冷漠地答道。

「好吧，我知道了。」我說。

傑怪異地看著我，以他對我的瞭解，我怎麼可能這麼輕易地放棄呢？通常我都會盡力嘗試說服別人，但當我看到副校長冷漠的表情時，我覺得那行不通。

我轉身對傑說：「走吧，我們試試看別的方法。」

傑知道我會做些什麼，他是對的，我可不會輕易放棄，我的想法和二十二分鐘之前一樣。當我們走遠了，我對傑保證，「總之我們一定會進去的。」

我們從禮堂的另外一側爬了進去，那裡有一扇很大的斜開窗戶。當禮堂裡充滿汗如雨下的青少年時，窗戶總得打開通風，爬進去對我們來說簡直易如反掌。

我們溜了進去，也被一些同學發現，但是誰會在乎呢。

「我們進來啦！傑，這是我們高中最後一次舞會，讓我們盡情地跳吧！」

在歡快的音樂節拍中，我和傑拋開所有的束縛，誇張地尬起舞來（這可是天才畢茲的早期表演），還邀請心儀的女孩子一起跳舞。正當我們正玩得不亦樂乎時，忽然發現副校長那個掃興鬼來了。他看到我們，下巴都快掉下來。之後，他讓我們跟著他到樓上的辦公室去。

我們心不甘情不願地跟著上樓，走在最前面的是副校長，然後是我，傑在最後。當我們走到頂樓、就要抵達他的辦公室時，我忽然有了一股衝動，我才不管即將會發生什麼，反正我要堅持自己的想法。副校長還在興致勃勃地邁步，我忽然轉身，開始往回跑。

我拉著傑，小聲說道：「我們回去參加舞會。」

傑愣了一下，眼睛睜得大大的。這時副校長已經轉過身來了，他對著樓下喊了幾句什麼，但話語消失在我們一溜煙逃跑的灰塵裡。

我迅速跑到樓下，撞到了我最好的朋友麥克·金斯伯格。我和麥克一起長大，小時候我還在他們家住過一段時間。他老爸是一位成功的牙醫，我們常玩他爸買的蘋果二代電腦。麥克比我高一點，但髮型和體型都和我很相像。我攔住他說：「嘿，和我交換一下T恤，但不要問爲什麼。」

麥克二話不說就和我換了衣服。我穿著他的黃色T恤，他穿著我的黑色T恤，飛快地逃出了副校長的視線。我回頭看到副校長抓住麥克，然後拍拍他的肩膀，對他道歉說自己認錯人了。

那時，傑已經躲到了人群裡安全的地方，我們又匯合了。

我們成功了。

說說正經事吧。那個夜晚，我和一直以來暗戀的三個女孩分別跳了舞（整個高中時期我一直不敢和她們說話），我甚至得到了她們輕輕的一吻，我覺得人生被改寫了。當然，傑的舞會經歷也很美妙。高中生活就這樣結束了，我第一次覺得茫然。不管未來怎樣，至少當晚我們過得很精彩。這場畢業舞會給了我想要的一切美好，即使接下來有什麼懲罰也都值得。

不過我們還是得面對現實。第二天，我和傑被叫到副校長室，副校長罰我們關禁閉，這代表我們必須在一個單獨的房間裡待上一整天。這天我們不能去上課，而且處罰還會被記錄在我們的檔案裡（但眞的有這種檔案嗎？如果有，我不禁好奇他們會怎樣描述我的「不做回家作業原則」呢）。我們還必須寫一份檢討報告，反省我們犯下的錯，之後還要到學校的心理醫生那裡接受一次強制性的諮商。

這些對我來說都可以接受，比我預期的懲罰要輕微多了。我對自己寫的檢討報告十分滿意，因爲我喜歡寫作。事實上，坐在那個空曠的禁閉室裡寫檢討報告時，我忽然覺得這是一個很好的平台，幫助我解釋我爲何要違反校規，爲什麼這麼做是必要和值得的。所有的規定都是爲了滿足某些目的，但是「晚上九點禁止進入舞會現場」的規定，在傑和我面對的情形並不適用。對我們來說，那是一種權力濫用。我們並不是麻煩製造者，我們的遲到對別人也沒有什麼影響，但這場舞會對我們來說卻很重要。面對副校長的不知變通，我們只能選擇反抗，並做好承擔後果的準備。現在，我們欣然接受懲罰。另外，這件事還給我上了一堂「非暴力不合作」的政治課。我衷心地希望傑也有同樣的收穫。

那天稍晚的時候，我去拜訪學校的心理醫生。我敲了門，她讓我進來坐下。之後有片刻的沉默。然後，心理醫生告訴我，我的檢討報告裡寫的觀點確實讓人信服，她也贊同我的結論。

之後，我又遇到了傑，我很高興他也寫了類似的報告。打破規則並不是世界末日。我們堅持自己的立場，挑戰權威，而且獲得了勝利。沒有傷害，就不算犯規。這只是一次小小的不服從，卻是我青少年時期的一個重大時刻。我一直懂得區分對與錯，而現在我可以說我信任自己的道德準則。制定規則的人也會犯錯，而我有權利挑戰他們。只要心甘情願地承受後果，你就可以按照自己的規則行事。

相信你的直覺，搞清楚什麼是你想要的，並且相信你有能力去實現自己的夢想。對學校、商業行爲與普羅大衆來說，規則和慣例是很重要的，但你不該盲從它們。而且，在「犯罪」時有一個志同道合的「同夥」，總是很有用。

14｜Twitter的理念

改變世界既簡單又非常有趣

十六年之後的我已經長大成人，但還是像高中一樣不願服從那些「副校長」。跟隨自己的直覺並不意味著將回家作業拋之腦後，或是強闖高中畢業舞會；也不意味著可以依靠公司股票升值成為一個紈絝子弟，一邊開著保時捷汽車一邊吃喝玩樂，它意味著我與自己深深認同的公司一同成長。正如我之前所說，我是一個對產品極度狂熱的人，但我同時也在意公司的使命感。那麼，什麼是我們的企業文化？如何才能打造出這種文化？這並不是告訴大家要打破常規，關鍵是要建立屬於我們自己的處事原則。因此，我將Twitter的企業文化和我的個人理念完美地結合起來。

@ # ★

Google內部有一個非官方的座右銘：「不做惡（Don't Be Evil）。」這意味著企業的理念是：即便會犧牲一些短期利益，也要做正確的事。對我來說，這不是最糟糕的座右銘，我對這句話的理解是：總是會有不得不做惡的時候，所以大家會搖擺於做惡與不做惡之間。這個座右銘在字面上很符合道德準則，但其暗藏的潛台詞卻是：雖然我們有作惡的能力，但我們不會眞的這樣做。座右銘使用了否定的修辭方式，顯得不那麼堅決有力。Nike 的座右銘是「就直接去做吧」（Just Do It），而非「不要只坐在那裡」（Don't Just Sit There）。Google 的座右銘則把自己的能力用於否定做惡，而不是鼓勵做好事，對此我只能說「恭喜」兩字了。既然你沒有成爲惡魔，那讓我們看看你做了些什麼好事吧。

我在 Google 工作時注意到另外一件事，就是 Google 員工和技術之間的交流模式十分多樣化。Google 裡的員工大多是天才，他們在技術研發上都極具天賦。他們現在正在研發自動駕車系統，這應該算是一個創舉了，這也代表了 Google 的企業理念，亦即科技可以解決一切問題。我在休息的時候喜歡在辦公室裡閒逛，觀察其他人在做什麼。有一次我發現某間辦公室裡有個傢伙沒穿鞋，他坐在地板上，身旁是一堆被拆卸得七零八落的ＤＶＲ監視器和電視零件。

我問他：「你在做什麼啊？」

他說：「我正在記錄世界上所有電視頻道播放的內容。」

「好吧，」我說：「加油！」然後慢慢離開他的房間。

還有一次，我偶然路過一間擠滿人的大房間，裡面正在展示一些看起來像腳踏縫紉機的設備。每台設備都散發出排列整齊的閃光，並呼呼作響，整個房間看起來很像一間血汗工廠。我進一步觀察，發現在每次閃光之間，這些機器都在一頁頁地翻書並一頁頁地掃描。我問身邊的工作人員這些機器在幹什麼，他們說它們正在掃描所有出版過的圖書。我只好又一次慢慢離開了房間。在Google，我曾從很多房間離開過。

Google是以技術爲核心的，當然技術也是他們最擅長的。憑我在那裡的經驗，我感覺Google的價值觀是技術第一，人性第二。

但我的理念卻恰好相反。一個企業服務了多少、或是其軟體有多複雜並非全部（當然那些也很重要），但眞正讓技術產生實際意義的是：對於用戶和創造者來說，他們究竟會如何使用這些技術，從而有效地改變這個世界。

當然，我並不是在貶低Google，它們做得非常棒。我只是想說，我的人生信條的順序和Google不同——人一定要排在技術之前。

在 Twitter 快速擴張的過程中，我一直認爲讓新員工認同企業文化的最佳方式，就是給他們一系列的假設空間，我希望讓他們帶著這些假設投入工作。

自從有了這個世界以來，我們每一天都在做種種假設，這是人類的習慣之一。例如，那個在高速公路匝道切道駛入的司機一定是個混蛋、不能信守承諾的同事一定是個無能的傢伙、如果用整周的時間來處理一個問題，那麼我的方案一定比那個只能臨時抱佛腳的傢伙要好得多、每一個企業（除了非營利組織以外）都會認爲最重要的就是自己的底線。

如果深究這些假設背後的邏輯，你會發現並不是知識和智慧在支撐著這些想法，而是恐懼。我們擔心那輛車切進車道會撞到我們、我們擔心別人的想法讓我們看起來不再重要、我們擔心因爲一個小小的改變，產品不能按時生產、我們擔心如果我們不以利潤最大化爲目標，公司就會倒閉。這些恐懼中有一些是合情合理的，誰願意發生交通事故呢？但缺乏知識的恐懼卻會產生不合理的判斷。想想看，古人認爲打雷就意味著天神發怒了，而這個假設對現代人來說卻沒有多大的實際意義。或許在打雷時他們不再驚慌失措了，但他們會因此發現如何引導電流嗎？不太可能。

我小時候很害怕黑，也曾經以爲床下有怪物，這可能是小孩子最常有的恐懼之一了。有段時間，我和「怪物」達成了一個約定，我在心裡默默地告訴它：我完全信任你，你不用跑出來證明你的存在。表面上看起來好像是安全了，但我知道這不過是權宜之計。

在經歷了幾個月的擔心害怕後，我決定結束這種痛苦。我的計畫很簡單：我留在臥室裡，關掉所有的燈，將自己完全置身於黑暗之中。如果那裡有怪物，那它大可趁機襲擊我。我的想法是，如果它襲擊了我，那我就完蛋了；但另一方面，這可以證明眞的有怪獸存在，這樣也不錯。剛開始我非常驚恐，但一想到能證明超自然的生物眞實存在，而且它就在我跟前，我就忍不住期待起來，我需要忍受的也不過就是怪物的攻擊而已，也許這種痛苦還不到短短一秒，我就被撕成碎片或是被一口吃掉了。那天晚上，我走進了房間，在沒有一絲燈光的情況下默默等待。結果什麼也沒有發生，沒有怪物，也沒有攻擊，更沒有超自然生物。當然，從那天起，我再也不怕黑了。

@ # ★

就算會感到害怕，我們也應該不斷探索並學習新知，勇往直前。所以，我給Twitter員工的就是「要有信念」。我希望幫助他們戰勝恐懼，打開思路，追求知識，獲得更廣闊的發展。

每當有新員工加入Twitter時，伊凡和我都會與他們見面。我們會向他們介紹Twitter的成長經歷，分享並討論以下六條理念：

Twitter的理念

1. 我們不知道未來會發生什麼
2. 人外有人，天外有天
3. 如果堅持為使用者提供正確的服務，那麼我們終究會贏得市場
4. 雙贏才是唯一的好買賣
5. 我們的同事都很聰明，而且心地善良
6. 我們可以建立一種商業模式，既能改變世界，又超級有趣

1 我們不知道未來會發生什麼

如果我們認爲自己知道下一秒會發生什麼，那麼我們注定會失敗。相反的，我們應該爲未知的發展和可能的驚喜打開一扇門。一些Twitter最流行的功能，比如「#話題標籤」、「@某人」、「轉推」，最初都是由用戶發明的，後來逐步成爲常用功能。要用開放的心態擁抱未知。不要只因爲這是你的產品，就將自己的意志和期望強加於產品之上，要觀察用戶的使用習慣和他們如何操作，從而尋找更合適的功能。總之，我們打造的應用軟體旨在服務使用者的需求。

這一條理念的核心原則便是謙遜。產品的成功並不能證明你通曉一切。個人和公司都一樣，我們的財富狀況起起伏伏，成功和財富都不能讓我們變得無所不知。去聆聽，去觀察，未知之境正是孕育創造性以及幫助你成長的課堂。

2 人外有人，天外有天

這條理念的核心原則依舊是謙虛——不要認爲自己是個天才（就算你的名片上這樣吹噓自己）。不過這其實也是依據眞實情況來建立的。當我們構思這些理念時，Twitter的辦公室裡只有四、五個人，而在Twitter的辦公室外有六十多億人。不用懷疑，屋外肯定有比屋內更聰明的人。

這條理念的含義，是說我們不應只從內部尋找挑戰和問題的答案。我總是要大家多接觸外面，多問問不同的人，多查查資料，這樣才能看得更高、更遠。不要幼稚地認爲自己有多偉大，也不要認爲只有我們自己才能解決自身的問題。例如，我們是要自己動手建立一個資料庫，還是外面已經有一個更好的資料庫可以供我們使用？

這個理念還可以有一系列的推論。你的第一直覺並不一定是最好的，你的主意也並不一定是最佳主意，甚至整個團隊的創意也不一定是最好的創意。從常理上講，大家都很容易認同以上原則，但在實際工作中，特別是在一些你已經非常擅長甚至是出類拔萃的領域，你可能很難收束起那種天然的優越感。儘管Twitter已經獲得了很多讚譽，但我希望我們能夠眞正地接受並秉持這種理念。

3 如果堅持為使用者提供正確的服務，那麼我們終究會贏得市場

我並不喜歡「用戶」這個詞，它看起來就像是軟體產業的術語。但鑑於 Twitter 員工的確都是軟體工程師，所以我還是採用了它。我希望大家多去思考如何改變才能爲我們的使用者提供更好的服務——這可以說是「不做惡」的積極表述。每當我們做出要增加、改變或是取消某項功能的決定時，我們考慮最多、也是最簡單的一個問題就是：這麼做會不會讓用戶的感覺更好？

在我離開 Twitter 後（後面我會說到這個話題），Twitter 收購了 Vine ——一間提供手機影片分享服務的公司。我覺得這次的收購非常正確。如果有人問：這麼做會不會讓用戶體驗更好？答案是肯定的，因爲在 Twitter 上分享影片將更有趣、更具吸引力，也更方便讓用戶表達自己。

在通常的情況下，如果產品經理經過討論後，仍無法決定某個產品是否需要某項功能時，他們就會在產品中保留這項功能，並將選擇權交給用戶。但實際上這只是掩耳盜鈴之舉。我們知道（所有的開發者都知道），百分之九十九的用戶會讓這些功能維持在預設選項——誰會經常調整電視的色彩對比度呢？保留這種可選擇性

就如同把這些功能扔進了垃圾桶。你保留了這項功能，但實際上用戶根本不會用到它。相反的，我們有責任來確認什麼功能會帶來更好的用戶體驗。如果我們決定增加這項功能，就應該讓它眞正爲使用者服務。

最容易讓大多數企業迷失方向的情況，就是當「使用者至上」和「企業收益」之間發生衝突時。是否應該將頁面的廣告欄再加大百分之五十，這樣就能有更多的廣告收入？但這會導致頁面非常難看，而且會降低讀寫速度。這對用戶有用嗎？沒用。我們是不是應該將公司員工拆到兩棟辦公大樓去，因爲我們租不起一整棟辦公室？但這樣做會使產品的最終決策變得混亂不堪。這對用戶有什麼好處嗎？沒有。我們是不是可以誘導用戶點擊一些廣告呢？顯然不能。我們是不是可以做點小花樣讓用戶去點擊些什麼？絕對不能。這些都是非常艱難的選擇，尤其是當你需要資金來運轉公司時。我相信，一定還有其他方法可以解決這些問題。創新才是可再生的資源，別輕易出賣了自己的產品。仔細思考一般人究竟會不會從中獲益，每一項決定都要好好衡量它的必要性。

二〇〇七年，我們推出的應用平台失敗，就是一個很好的例子。如果我們在啓動項目之前考慮到用戶體驗，就能避免將自己、用戶以及開發者置於窘境。

但是，當決定推動帶有廣告內容的 Twitter 資訊時，我們做出了正確的選擇。我們透過一些演算法，包括按讚的數量、轉發數量以及點擊數量，推算使用者對廣告資訊感興趣的程度。如果一條廣告沒有得到積極的回應，我們就會把它撤掉，這意味著我們可以向用戶推廣他們喜歡的廣告資訊。這樣的廣告對我們的用戶才是有用的，而且 Twitter 也能賺到錢，從而持續運行下去。

4 雙贏才是唯一的好買賣

如果交易中有一方遭到了不公平的待遇，那就不是一樁好買賣。交易也是在建立關係，我們希望做的是持久的生意。我所談論的不僅是收購一家公司，還包括如何和一家公司合作，或是將其工作內容引入自己的公司團隊，甚至是和一個人結婚。想想金融衍生商品給美國帶來的次貸風暴以及由此敲響的警鐘。衍生商品是一個零和遊戲（Zero Sum Game）——總有一部分人賺錢，一部分人賠錢。這中間不會產生新的利潤，只有贏與輸。這樣說可能過於簡單了，但一般的金融市場只看盈利或虧損。然而，在眞實的商場上達成交易，如果不是雙方共贏的話，一時的盈利最終還是會變爲長期的虧損。你會失去交易夥伴對你的信任，也會失去同事的支持。在某種意義上，每做一筆這樣的交易，你的聲譽和你的生意都會被置於危險的境地。這就像深海潛水，你體內和體外的水壓必須保持一致，否則你的肺和耳膜就會開始膨脹。聲明一下，我從來沒玩過深海潛水，但是請相信我，失去平衡絕對是件壞事。

凱文·陶（Kevin Thau），我現在的公司 Jelly 的同事，他在 Twitter 負責全部的手機項目，所有和營運商的業務都是他負責搞定的。最近他收到一條來自英國營運商的訊息：「我不清楚 Jelly 在做什麼，但如果你想讓我將你們的軟體預設到手機裡，只管打電話過來就好。」除非他們之間曾經有過非常美好的合作經驗，不然誰也不會說這樣的話。

另外一個例子是在我離開 Twitter 並創辦了 Jelly 時，有兩個人也離開了原先的公司加入我的團隊做專案開發，其中一位恰好是他前東家無論如何也不能失去的工程師之一。當這位工程師告訴老闆他要離開的時候，老闆立刻給他提供了非常豐厚的股票期權和更有競爭力的薪水，並告訴他可以自由籌組任何團隊做任何專案。另一個加入我的團隊的工程師是 Twitter 非常重要的高階主管之一。我無意挖角，這一切都很偶然，但當這些事發生的時候，Twitter 的首席執行長迪克・科斯特羅（Dick Costolo）（他也是我非常要好的朋友）約我出來喝酒，他正式代表 Twitter 來指責我。

當他毫不留情地數落完我之後，我說：「我能提供一點意見嗎？」

他說：「嗯，是什麼？」

我說：「如果你有份清單，上面是你不惜任何代價都要留住的員工，那就不要在他們準備離職時才給他們更多的薪水和股票期權。」他表示同意。然後我們又點了一些酒繼續喝。

5 我們的同事都很聰明，而且心地善良

這是我在新員工到職時告訴他們的第五個理念。我舉了一個例子：假設行銷部門有個叫史考特的傢伙，他正在爲你研發的產品設計一個行銷計畫，並且要求這個產品在三個月內完成。三個月後，所有產品已經完成，整裝待發，但史考特又拿出了另外一個縮水版的計畫，遠遠比不上之前展示給你看的那個計畫好。那麼，與其埋怨史考特是個蠢蛋，你不如直接和他挑明並毛遂自薦：「嗨，我是畢茲，我能幫點什麼忙？」

你很難知道任務展開後的全貌，因爲在前進的道路上有太多的轉捩點，有太多的選項需要決定。當你用同樣的程式再仔細檢查一遍你開發出來的產品，你會發現這個產品將有三項功能，分別是w、x和y，但現在需要的是x和z。你必須做出一些刪減，但你還是以自己的產品爲傲，同樣的，你也不想讓史考特認爲自己是個傻子。在一些體系龐大的公司裡，每個人剛開始工作時都或多或少看起來像個傻子。

未知本身是令人恐懼的，這就是山頂洞人不敢進入漆黑洞穴的原因。誰知道裡面等著他的是什麼？這時，他會把自己的長矛或是弓弩先丟進去測試底細。在現代

商業環境中，這種恐懼體現爲你會預設你的同事正在做著錯誤的事情。此刻的你不會再丟出長矛，而是假想他們是你的敵人，這時的溝通就如同史前時代的漆黑洞穴中被擦出火花一樣。如果你已經身居首席執行長，那麼溝通對你來說就更加重要了。如果投資人和董事會都聽不到你的聲音，他們就會擔心你在做錯誤的事情。他們不會到你的辦公室裡察看產品設計，而是會炒掉那個負責人。

在 Twitter 的成長過程中，我們要彼此信任，並且相信我們的同事都是經過精挑細選的，都能勝任和駕馭自己的工作。也許史考特是個蠢蛋——好啦，這件事眞的發生了——但如果公司所有人都彼此信任，那麼我們就會在一個積極並且相當有空間的環境中工作。只有身處充滿信任的工作環境中，人們才能發揮出更多的亮點。

6 我們可以創立一種商業模式，既能改變世界又超級有趣

這條理念聽起來似乎有點理想化，但我想在這裡重新定義一下「資本主義」的概念。我自己的Jelly就是一個很好的例子。從傳統意義上來說，企業都是受金錢利益所驅動的。但我想給出一個新的企業定義，那就是除了追求利潤外，企業還要對世界產生積極的影響，並且讓員工熱愛自己的工作。我還想提高「成功」的門檻——如果上述三點有其中一點沒達到，那就不能說是眞正的成功。我會告訴所有新來的同事：「這是超高標準，讓我們努力去達成吧。」

@
#
★

伊凡和我現在可以說是管理著一家非常成功的公司。我們可以讓新來的員工直接去人力資源部門報到，也可以對他們說：「歡迎來到Twitter這個神奇的世界，這裡十分精彩，祝大家好運。」實際上，我們擁有自己的方式，一個非比尋常的方式。在將企業文化介紹給新同事的同時，我們也會傾聽他們的想法，亦如我們會傾聽用戶的意見一樣。新同事會感覺到我們所關心的不僅僅是他的工作，還有他本人。這麼做不僅能讓新同事瞭解公司的情況，也能讓他們知道管理者是些什麼樣的人。我們沉著冷靜地應對一切，並且擁有這麼一套理念來避免傲慢和自負。我們可不是傻瓜，這些事情非常重要，因爲所有這些理念整合在一起，一定會產生一加一大於二的效果。

15 幫助別人就是幫助自己

二十五美元禮物卡的複利效應

從我小的時候，就夢想自己會飛，後來這種感覺演變爲相信自己有朝一日會有非同凡響的成就。但到底應該做些什麼，其實我也毫無頭緒，而且我似乎一直都不在正確的軌道上。二〇〇九年年初，我被政治諷刺脫口秀《科伯報告》（Colbert Report）邀請擔任來賓。我非常喜歡這個脫口秀，而他們希望我去聊聊我正在做的事。這讓我有些焦慮——這個邀請是不是意味著我已經獲得了非同凡響的成就呢？要不爲什麼史提芬·科伯會找到我呢？當時可說我正值春風得意之際，從官方意義上，Twitter已經克服了草創初期的種種困難，我也有些飄飄然。Twitter的規模已經很大了，這時我需要確認我們是否將商業影響力運用在正確的方向上。這種本能的直覺似乎一直伴隨著我；但在早些時候，有那麼幾個時刻，我將其歸功於自己不斷成長的個人意識，也就是我想成爲一個什麼樣的人。

高中時，有個女孩問我是否喜歡她的畫作，我回答：「不，我不喜歡。」她當場就心碎了。這是多麼愚蠢的回答，我因此讓她感到無比失落。在我們小時候總有這樣的時刻——當你心頭的那一盞燈突然熄滅時，你遠大的志向就此徹底改變了。那一刻，我意識到自己傷害了這個喜歡繪畫的同學，我便學會了同理心，我不想與人疏離，我想成爲一個好人。

這件事發生後不久後，我看了一部由吉米．斯圖亞特（James Stewart）主演的電影《我的朋友叫哈維》（Harvey）。在影片中，吉米．斯圖亞特和一隻大家看不見的兩百公分高的兔子交起朋友。人們都認爲他瘋了。面對大家的指責和嘲諷，他卻認爲自己要堅持這種友善。我再一次問自己：「我對他人是否友善？」雖然我先前也算不上壞人，但《我的朋友叫哈維》激發了我與人爲善的心。這看起來確實是個好主意，而且當我開始這樣做的時候，我發現自己也沉醉其中。從表面來看，我選擇做好事是因爲這樣對我有利，但我們的行爲難道不是基於我們與這個世界的相互影響嗎？這是一個基本的原則。我試著成爲一個友善的人，這種感覺很好。

後面這個例子是關於我老爸的。在我小時候的周日，老爸來探望我和妹妹曼蒂。他通常會在中午來接我們，然後帶我們去披薩店吃午餐，之後再去打一場迷你高爾夫或是看場電影。雖然這是個平淡的安排，但老爸老媽在我四歲時就離婚了，所以我和老爸沒有什麼相處機會，因此這些個周日都成了讓我焦慮的時刻。十六歲時，我終於可以拒絕和他出去了。既然我可以不做作業，當然也可以拒絕不見自己的父親。從那時起，我就選擇和我的朋友馬克一起玩任天堂。如果說我能從這焦慮的周日時光中領悟到什麼的話，那就是：雖然老爸的確不是一個稱職的父親，但我也不應該浪費時間去怨恨他或是責怪我自己。不能說我考慮得很清楚，我只是把自己的注意力轉移到另外一件事情上。

世界確實是不完美的，但我下定決心要盡我所能讓它變得更美好。我想找到所謂的「善」——這不僅僅是應該思考事情的積極面（但我傾向於此），還要盡自己所能讓這個世界變得更美好。

此外，上《科伯報告》節目的經歷讓我對利他主義產生的漣漪效應大開眼界，當時我得到了一張價值二十五美元的禮物卡。

麗薇亞和我真的很喜歡《科伯報告》，我們有兩個好朋友也是這個節目的忠實粉絲，他們在麗薇亞的野生動物救濟醫院工作。透過申請，可以帶他們一起去紐約錄節目。

在直播之前，我們在候播室裡休息。離直播開始還有半個小時左右，科伯過來和我們打了個招呼，並對我解釋：「在我的直播秀中，我會扮演一個角色，這個角色簡單來說就是個大笨蛋。」

我說：「我知道，我們超愛看你的節目！」

他說：「許多人並不清楚，所以有時他們會有點生氣。」

我把麗薇亞和朋友介紹給科伯，並告訴他一些有關野生動物救濟醫院的事情。科伯詢問了他們的工作情況，也說了一些有關他自己救助野生動物的事蹟：他認養了一隻棱皮龜（Leatherback sea turtle），希望引起人們對瀕危海龜的關注；他還救過一隻老鷹。他的節目沒有那些常見的老梗：「我是史提芬．科伯，這是我的脫口秀。」而且，他對我朋友的工作內容很感興趣，誠心誠意的和他們聊了一會兒。

脫口秀結束後，麗薇亞和我收到了一箱禮物，裡面的禮物和大多數脫口秀紀念品大同小異：一頂科伯的帽子、一件T恤、一瓶水。但箱子裡的另一件小禮物卻使我深深震撼，那是一張可以在「捐贈之選」網站（DonorsChoose.org）上使用的價值二十五美元的禮物卡。

捐贈之選網站是一個針對學校教學的線上募捐網站，全美公立學校的老師都可以在這個網站上發布自己需要的教學材料。你可以選擇捐給你喜歡的項目，也可以捐給離你家最近的學校，尤其是聽起來很令人驚喜或是很急迫的那些。而且，你的捐款會被精確的運用在老師們的需求物品上，並且標出價格。

麗薇亞和我將帽子以及T恤給了我們的朋友，但將這個捐贈之選網站的禮物卡留了下來。之後，我們發現有一個二年級的班級需要幾本《夏綠蒂的網》（*Charlott's Web*），便按照老師的要求捐了相應數量的書。這種感覺眞是太酷了。

麗薇亞和我都是樂善好施的人，更棒的是，幾周之後我們收到了一張感人的感謝卡——這個班上的每一個孩子都在上面簽了名。

@ # ★

同理心是一種理解他人情感的能力。這種能力是與生俱來的，但並不是每個人都能輕鬆掌握，或是有建設性的使用它。我們收到的感謝卡是孩子們用他們溫暖的小手寫下的眞誠話語，沒有什麼比這種將贈予人和受贈人聯繫起來的方式更能激發人們的同理心的了。

當我還是孩子時，在去超市的路上，總會看到一個裝扮成聖誕老人的救世軍成員在募捐。我經常會把零錢放到他的募捐箱裡，但「聖誕老人」的募捐箱是一個「黑洞」，我的零錢究竟去哪了，我對此一無所知，而且也從來沒有人找到我並對我說：「嗨，謝謝你捐贈的那一點錢，它們正是我們需要的，世界饑餓問題已經被解決啦。」我並不是為了得到一聲「謝謝」才這麼做的，因為多做好事的確是一種美好的品德。

在捐贈之選網站上，那種不透明的募捐方式消失了，我可以直接看到捐贈結果和受贈人的回饋，這讓我產生了再多捐一些的念頭。這可以說是一個非常聰明的正向回饋。激發同理心遠比把錢投入募捐箱中需要更多的想像力。當你收到小朋友由衷的感謝函時，這個小朋友的生活也就更好了。你可以看到他的需求，以及實現他夢想的路徑。從此，麗薇亞和我開始定期在捐贈之選網站上捐款。我們那時還不怎麼有錢，所以每次只捐五十美元，但我們確實非常投入。每天晚上，你可以選擇看上一、兩集喜劇，也可以選擇幫助一些有困難的孩子，哪種感覺更好呢？

透過捐贈之選網站，我發現了之前提到的利他主義的巨大漣漪效應。我還有更大的收穫，那就是：如果史提芬·科伯沒有給我這張二十五美元的禮物卡，我就不會有機會幫助這些孩子。我並沒有改變世界，但我幫助某些老師完成了他們的心願。並且那些讀了《夏綠蒂的網》的孩子也會從中獲益，這些益處將一直伴隨著他們，並產生深遠的影響；此外，這些孩子還擁有了從陌生人那裡收到禮物的人生體驗。所以，史提芬觸及的不單單是我自己，他的禮物卡也會送達至老師、孩子的手中，人們在這種相互交流中體會到了積極的力量。我並不是科伯邀請的節目嘉賓中唯一收到禮物卡的人，如果收到禮物卡的每個人（或者只是其中的一小部分人）都有和我類似的經歷，試想一下這種舉手之勞將會產生多大的影響。

在使用者大會上，我們給與會者每人發了一張二十五美元的捐贈之選網站禮物卡，這樣大家可以在網站上選擇相應的資助項目。捐贈之選網站的創辦人兼首席執行長查理斯．貝斯特（Charles Best）後來告訴我們，這些與會者在網站上選擇資助項目並付諸行動的比例非常高。

史提芬的一個小小善舉——他自掏腰包給每一位參加他節目的來賓一張二十五美元的禮物卡，卻以幾何般的增長速度傳播善意。我把這種現象稱作「利他主義的複利效應」。

我們都知道複利的價值：如果你有一個帳戶，每個月的利息都會加到這個帳戶的存款中，那麼下個月的存款利息就會比上個月多那麼一點點。月復一月，你的財富增長曲線就會越來越陡峭。舉個例子，當你二十歲時，你在銀行裡存入了一百美元，帳戶的年息是百分之〇點六四。按月複利計算，等到你四十歲時，你的銀行帳戶裡就會有二萬五千七百二十四美元（同時，信用卡帳戶貸款的平均年利率是百分之十五，這要比你存款帳戶的利息高出二十三倍！如果你在二十歲時信用卡裡的負債爲一百美元，並且每個月都增加一百美元的負債，而且中途從來沒有還款，那麼等到你四十歲時，你將欠銀行十五萬三千五百六十七美元）！

複利效應不僅體現在存款帳戶或者信用卡負債上，史提芬的禮物卡也激發了我和麗薇亞能力所及的多次捐款。

後來，有些情況發生了變化，Twitter 成長起來了，我的財務狀況也得到了改善。麗薇亞和我開始透過捐贈之選網站捐贈更多的錢，於是，查理斯·貝斯特來見我。我幫他們重新規畫了網站，並提出一些建議。我個人和慈善事業的關係逐步緊密起來，最後我成爲這個網站主要的捐贈人、顧問和積極參與者。

所有的一切都源於一張二十五美元的禮物卡。

@
\#
★

當你沒什麼錢的時候，你很難去從事公益活動。但是相信我，我有很多年都在舉債度日，所以我非常熟悉那種只是一美元也要煩心的感覺。人們通常都對慈善事業持有一種錯誤的觀念，總是認爲要等生活安定了之後（甚至是有錢了）才能開始做公益。每一個人對財富及成功的定義都是不一樣的，但我可以告訴你，無論任何人與任何收入，大家心目中的「富有」都只存在於未來。

「等到將來再給予」是一種錯誤的觀念，這和金錢沒什麼關係。如果你早一點參與，你捐出的禮物的價值就會隨著時間成長而累積。這種理念從兩個方面來說都是正確的：第一，在你擁有很多錢之前，你已經養成了公益的習慣，它會一直伴隨著你。這樣，隨著你的財富增加，你給予的意願就會更強烈。第二，這一點也許更重要，那就是你的公益行爲會產生漣漪效應，就像史提芬的禮物卡一樣。二十年後，你的公益行爲將比你到四十歲或五十歲時寫下的那張支票額度要大得多。

公益行爲並不局限於金錢，你也可以用付出時間來替代捐款，或是宣傳科伯的好意，也可以少捐一點。

最小、最微不足道的公益行爲將永遠改變你行善的軌跡，這就是我所說的「利他主義的複利效應」。越早開始從事公益，產生的效應就越大。

直到二〇一〇年我才算結束了舉債度日的生活。那時 Twitter 還沒有上市，但作爲一個成功的新創企業，投資者在私下轉讓股權是一個讓財富兌現的好機會。我始終對 Twitter 的發展充滿信心，所以不會把 Twitter 的股分全部賣掉，但把所有的錢都投資於一個公司也不合理。任何一個參與了公司創業的人都會抓住這樣的獲利機會。

於是，我變現了一部分股權。我清楚地記得我將股權轉讓出去的那天，當時的商務經理發信給我，裡面寫道：「我們算清楚了。」那確實是一大筆錢，多到我做夢都想不到。

我回覆道：「哇唷，謝謝！」

他又回覆道：「哇唷？你重啓了你的人生耶，就這點反應而已嗎？」

然後，我下樓和麗薇亞開玩笑說：「啊哈，我們現在是名副其實的有錢人了。」

其實什麼也沒有改變，我只是感受覺到了一種絕對的放鬆。我一直是個窮小孩，成年後也一直負債累累。麗薇亞的父母都是自由藝術創作者，他們憑藉手藝過日子。雖然我們兩人從來沒有流落街頭，但也從沒有感受到金錢上的安全感。這就好像前一天晚上麗薇亞和我從咖啡罐裡面倒出幾枚硬幣投到吃角子老虎裡，之後麗薇亞開心得不得了，因爲我們一下子中了一百美元的「大獎」！

當我們終於有了足夠的錢擺脫負債累累的生活時，我要說錢確實是個好東西，它給我們的生活提供了免疫系統。當你舉債度日時，你每個月都要考慮該償還哪些帳單，自己還欠哪張帳單，你的生活始終處於崩潰的邊緣，每一筆開銷都好像在割肉一樣，任何事都能成爲夫妻吵架的原因。

如果你有了足夠的錢——其實也不用太多，只要能滿足日常所需，支付帳單之後還能有些積蓄，這樣，那種持續的焦慮感就會漸漸消失，提心吊膽的日子也會一去不復返。金錢對於我的最大作用，就是讓我從焦慮不安中解脫出來。

對於金錢的作用，我要提到的另外一點是，金錢能放大你的自我。這幾乎是一條普世眞理。如果你是一個好人，又有了錢，那麼你就能成爲一個大慈善家；但如果你是一個王八蛋，有了錢之後你就會變本加厲地成爲一個更惹人厭的王八蛋。成爲一個什麼樣的人由你自己選擇，但我要說的是，沒錢可以作爲不做公益的藉口，但當你成爲一個有錢人之後，你就沒有藉口了。

@
#
★

關於利他主義，還有一個關鍵常常被人忽視，就是當在衡量給予的方式時，人們常會錯誤地認為利他主義只是一種單純的付出，而忘記了幫助他人本身的價值。實際上，我們都生活在這個世界中，當你幫助別人的時候，也等於是在幫助你自己。

一個最簡單的例子是關於素食主義的。我關心並愛護動物，所以我是一個素食者。但這並不是說我放棄了什麼。除了身體受益外，我還從自己的選擇中瞭解到更多的知識，並持續堅持我的理念。所以說，做好事並不意味著犧牲自我。

還有一個例子。現在有許多畢業生在找工作時遇到瓶頸，你可能每天都去參加面試，但每次都會遭到拒絕。你感覺精疲力竭，自信心也備受打擊。怎麼辦呢？要不要換個方向，做一個非營利組織的義工？這樣你就會變得很忙，你不僅是在做好事，而且你也會沿著這條路繼續拓展自己的未來。也許你還會發現其他義工對你的工作指出一個方向，或是讓你有強烈的感觸。這樣，你在面試的時候就可以說：「我正在擔任義工，並且尋找一份全職的工作。」你會有自我認同，也會因為幫助他人而變得閃亮動人，你會充滿自信並且具備過人的能力。如果你再去面試，那麼所有這些因素都會發揮作用。

不要認爲幫助他人就意味著失去什麼或是捨棄什麼，想想你在生活中得到的一切。就算這看起來是一個奇妙的悖論，但幫助他人的確等於幫助自己。

@ # ★

麗薇亞和我對生活沒有太多的要求。我喜歡簡單並且便宜的東西，例如天美時（TIMEX）手錶、Levi's 牛仔褲和福斯 Golf 汽車。我和兒子傑克在公園玩耍或是一起在地板上嬉戲時，我能看到麗薇亞眼中的淚光，我知道她感到開心。此時此刻，才是我們生命中最重要的時刻。現在的我們也買得起藍寶堅尼與豪華別墅，但那會耗費很多我們能夠拿去幫助別人的錢財。幫助別人能帶給我們成就感，它讓我們的生活更有意義。當然，你也能做同樣的事情，這和你賺多少錢完全無關。

16 慈善之舉
社會價值在利潤之上

人性都是善良的，如果有正確的工具，他們就會使用這些工具去做正確的事情。在我所摸索的那些社群媒體——從 Xanga 開始，之後在 Blogger 工作，閱讀書籍、雜誌和部落格內容的過程中，我逐漸學會了從更高的角度來看待部落格的傳播性、自發性組織和其他相似的事。我很早就認識到這些社交工具都有一個相同的特徵，那就是自律性。在 Twitter，我們並不需要安排大量人員去刪除惡意廢文或是凍結帳戶，正是這個無規則、自發組織的系統可以供上億人同時使用，卻很少被破壞的原因。如果人性本惡，Twitter 是不可能存在的。仔細想想，人們本來就會同心協力，否則如何建造高聳的大樓和寬敞的街道，並遵循交通規則呢？如果我們沒有同心協力，就不會有文明了。

我在《yes!》雜誌上讀過達爾文的一個觀點，他相信富有同情心的社會才會健全發展。所以人類才會進化。那篇文章還說，最新的發現顯示了遠古時代的人類祖先已經學會如何分享捕獲的獵物了，而自私的傢伙則會被群體驅逐出去。人是群體動物，研究人員麥可．托馬塞洛認爲，我們在進化的過程中學會了相互合作。你和我，我們都是生來就會相互幫助的。人性本善可不是我的異想天開，它是有科學依據的。

所以，如果可以用簡單的方法去幫助別人，我們都會付諸行動。

當然，幫助他人聽起來容易，但如果一個人沒有相應的資源，那麼他仍很難付諸行動，就如同在無人支援的跨年夜工作一樣。而在Twitter，這會形成群聚效應——一旦人們聚集成群，他們的能量就能聚合起來，讓一些事情成爲可能。

@ # ★

自從我富裕起來以後，我關注的重心就開始轉移到企業如何才能承擔起相應的社會責任。九一一恐怖攻擊事件後的第三天，我的部落格留了這麼一句：「哇，亞馬遜災害保障基金已經募集到了四百三十萬美元，而且每分鐘都在不斷增加。」一個網站能夠迅速得到衆人的支援，這讓我印象深刻。人們會因爲某些原因聚集在一起，企業就如同社區，它們都是傳播和激發公益行爲的好載體。

前文曾經提到，我希望企業不再只把獲利和給雇員及顧客帶來的愉悅感放在優先的位置（當然這很正常），我希望企業還能夠爲世界帶來更多積極的影響。

在二〇〇七年年初，Twitter 不僅爲員工提供了瓶裝水，而且轉開公司的水龍頭就能直接喝到純淨水。這聽起來確實有點蠢。事實上，從對社會、環保負責的角度以及從經濟層面來看，這都是不合理的。但是，人們每天都要喝水，所以我們制定了一個飲水戰略：停止供應瓶裝水，並且給每位員工買了一個濾水壺，並在水龍頭上安裝過濾裝置，讓生飲的口感更好。客戶來訪時我們提供伊索（Ethos）公司的水，這個公司是星巴克的子公司，非常關注世界水資源危機，它們會將一部分利潤運用在幫助世界上喝不到乾淨飲用水的孩子。

Twitter 的飲用水策略產生了漣漪效應。這不僅是因爲我們的道德，更因爲我們知道水資源短缺是一個全球議題——在這個星球上還有一億一千萬人只能飲用不乾淨的水。此項策略就是一個非營利性的公益事業：水成爲最受 Twitter 及其使用者歡迎的公益話題。很快，世界上其他地區的人也開始在募資平台 Twestivals 上開展爲以「水」爲主題的募款活動。

這次活動僅僅是 Twitter 公益活動的起點。之後，我持續關注和尋找可以利用 Twitter 對社會產生積極影響的主題。

當 Odeo 時期，我們因爲 iPod 的推出而手忙腳亂時，蘋果又推出了一款紅色 iPod，作爲「紅色系列」（Product RED）的一部分。我對此很有興趣，便搜尋了這個系列的產品源頭紅色公司（RED）的具體資訊。這家公司以協助非洲大陸減緩愛滋病爲目標募款，它爲愛滋病患者提供醫療服務，將病人從死亡邊緣拉回來，幫助他們逐步恢復健康。這個組織給愛滋病肆虐的非洲大陸帶來了一線曙光。

爲了響應「紅色系列」產品活動，很多公司都同意推出一款紅色的商品，並將部分收益捐贈給這個組織。例如，Nike 推出了紅色鞋帶系列產品，美國運通推出了紅色提款卡系列。我非常喜歡這個系列，並開始收集。在我們創立了 Twitter 之後，我註冊了 @RED 這個帳號並保留起來，儘管當時這個組織並沒有來註冊 Twitter 帳號，但我認爲如果 Twitter 能夠成功的話，一些組織也會在 Twitter 註冊。如果我們發展到足夠的規模，那些大公司們也會建立自己的 Twitter 帳號，那時我就會說：「我早就幫你們預留帳戶啦。」事實上，二〇〇七年年末，在 Twitter 蓬勃發展之後，紅色公司決定建立自己的社群媒體帳號。他們打電話給 Twitter，發現已經有人註冊了 @RED。於是我回電給他們：「我就是那個 @RED 的註冊者，但這是專門爲你們準備的。」

二〇〇九年十二月一日，世界愛滋病日，我們將 Twitter 首頁的主要元素改爲紅色，並且與紅色公司的首頁串聯，還提供了一個愛滋病日紅絲帶的符號供使用者添加到自己的 Twitter 頁面（鍵入「#red」就可以將 Twitter 內容變爲紅色，用來提示當天是世界愛滋病日）。這是 Twitter 第一次爲了一個特殊事件而改變了頁面設計。

這次的調整並不是在 Twitter 的圖示旁添加一個可愛的小圖示，而是整個頁面都做了調整，相當於廣告商買下了整個首頁的廣告位置（這可是要花一大筆錢的）。這麼做比置頂的廣告欄位還要醒目，基本上它是贊助商的位置。這就是 Twitter 爲紅色公司所做的宣傳，而且是完全免費的。當天臉書和 Google 也都參與了，但它們的網站並沒有爲這樣一個公益事件做出如此大的調整。

雖然這不是什麼大項目，但參與者們都推了 Twitter 一把，媒體也把我們歸類爲支持紅色行動的主要成員。這就是積極做好事的一種回饋吧。只要看到好的出發點，這個世界就會給予你積極的回應。

Twitter免費爲紅色公司做了一天的宣傳，立刻就產生複利效應。艾希頓．庫奇在第一時間對他的四百萬名粉絲發送推文，告訴他們：

請加入「#紅色」行動！

他不是唯一這麼做的名人，紅色公司也因爲這些明星效應得到了更多關注。當天，紅色公司的數位長克麗希．費拉里絲（Chrysi Philalithes）說：「當Twitter變成紅色時，你們讓我們引起全部社群媒體的注意。」

二〇一〇年，紅色公司和HBO合作推出了一部名爲《死而復生》（The Lazarus Effect）的紀錄片。在影片中，你可以看到抗愛滋病藥物的成效，以及在尚比亞使用這種藥物治療愛滋病的實際案例。故事看起來有點沉重，但電影最終還是展現出積極向上的一面。影片裡有一位十一歲的女孩芭拉．麗特塔，她只有十公斤重，瘦骨嶙峋，身體虛弱。和其他愛滋病患者一樣，她也在一步步邁向死亡。但透過服用抗愛滋病藥物（一天只需四十分美元），幾個月後她的身體有了很大的改善，她可以像正常孩子一樣的生活了。電影中還介紹了一位媽媽——康斯坦斯・穆旦達。二〇〇四年，穆旦達的三個孩子相繼被愛滋病奪走了生命，她也是紅色公司贊助的愛滋病病患。在影片拍攝過程中，康斯坦斯已經恢復健康，並管理三個類似的診所，努力消除社會對愛滋病患者固有的偏見和隔離（二〇一三年，康斯坦斯在治療過程中又生下了一個女孩，孩子的愛滋病毒檢測結果為陰性。這證明了對抗愛滋病的前途一片明亮）。《死而復生》和捐贈之選網站孩子們的回信一樣，都可以讓人感受到正是因為他們的參與，給了需要幫助的人帶來希望和夢想。

想想紅色公司的複利效應吧，病人康復後回歸社會，失去子女的父母重新為人父母，老師回到了學校，大家都回到了各自的工作和學習的崗位。長久下來，紅色公司的義舉將產生地理上的影響，它可以使一個村落重新恢復生機，接著會有更多的村落也是如此，從而整個地區都可以穩定下來。我曾經擔心的公益黑洞已不復存在，這不僅僅是往募款箱裡放入二十五美元，而是實實在在可以被衡量的影響。愛滋病是一個非常棘手的問題，但也不是無法解決，我們終歸可以將這種疾病根除。而且，一個人每天服用的藥物費用是四十分美元，一年下來差不多就是一百四十美元，這正好是 Twitter 那個神奇的數字。

我們有能力去解決這些現實問題。終有一日，我們將根治愛滋病，這是多麼美妙的事。

@ # ★

二〇〇九年，Twitter 的用戶數激增了一倍半，公司的規模也增長了五倍。一些公司只是忙著賺錢，也有一些公司只是致力於做慈善，還有一些公司在賺取利潤的同時兼顧做慈善。Twitter 對世界做出了一個承諾，它將成爲二十一世紀商業界的一個典範。我希望盡我所能建立一家服務機構，讓這個世界變得更美好，而且有更多人受益。

當人們談論慈善時，他們常常會提起馬斯洛的需求層次理論（Hierarchy of Needs）。亞伯拉罕．馬斯洛（Abraham Maslow），這位二十世紀的美國心理學家提出了人類的需求理論。第一層次的需求是基本需求，包括食物、水、睡眠等。第二層次的需求是安全感，包括工作、道德準則、健康和財富。一旦我們得到了這些，便會渴望第三層次的需求，也就是愛和歸屬感。然後，我們才會渴望第四層次的需求

——信心和他人的尊重。當這些需求都得到滿足時，我們就達到了馬斯洛需求金字塔的頂端，發現自己更深層次的需求，也就是「自我實現」。面對物質充裕的最大化，人類終將探尋生命的深層意義，而助人爲樂最能滿足這種需求。

企業的發展歷史也遵循相似的路徑——多做好事是需求清單的最後一項。但我認爲這個路徑是有問題的，因爲它沒有考慮到幫助他人能夠產生的複利效應。

二〇一二年的春天，我有幸在柯林頓全球倡議大會（Clinton Global Initiative University）期間拜訪了前總統比爾．柯林頓。這個大會每年召開一次，由新一代精英聚集在一起探討並解決全球性的問題。我聽到柯林頓說：「這些具有影響力的全球公民，應該不間斷地將他們的事業和公益項目結合，從而建立一個共同繁榮、共擔責任的未來。」我問他可否詳細地闡述一下這個觀點。他解釋說，企業的成長是基於將更多的人納入自己的客戶裡，但如果數以億計的人被拒之門外，企業的發展空間一定非常有限。他認爲，妨礙公司發展的絆腳石有三個：貧富差距（全球有一半的人每天花的錢低於兩美元），政治和經濟的不穩定，氣候變遷和資源枯竭。在他看來，企業需要做兩件事：第一，將企業責任融入其發展計畫裡；第二，支援非營利組織的工作。他以沃爾瑪（Wal-Mart）爲例，當沃爾瑪意識到氣候變遷的問題後，便將所有店面的包裝耗材縮減了百分之五，這等於減少了二十一萬輛的柴油車。

我同意這些觀點，而且我還認爲那些刻意惡性競爭的企業是不對的。企業可以毀滅這個世界，也可以保護這個世界，而我們的天性將趨向拯救我們自己。這才會是好生意。

Twitter 很早就開始廣做善事，因爲我們深信從事公益能讓我們的企業更強大。我們的企業文化也類似於我在高中時打破規範的行爲。我希望 Twitter 和其他企業都勇於突破常規，我們應該擁有雄心壯志來經營，並以一種更好的方式判斷企業的成功與否。我們應該擁抱人性本善，這就是無私的價值。企業必須瞭解，如此創造的服務和產品才能夠傳遞出更深的意義。我們將價值放在利潤之前，這是何等重要。無論如何，我都希望我們能站出來幫助他人，我也希望我們的工作從各種角度來看都是極具價值的。

我曾對同事說：「我們可以多賺錢，但也要多做善事，這樣才能在工作中體會到快樂。」

有家公司叫「閱讀空間」（Room to Read），是微軟前員工約翰．沃德（John Wood）所創辦的慈善機構。Twitter 也推出了屬於自己的酒標——「雛鳥」（Fledgling），我們和某葡萄酒廠合作，讓公司裡的每個人都有機會去實地釀酒。我們自己採摘葡萄並釀製成兩種葡萄酒，一種是黑皮諾，一種是夏多內。我們在酒莊裡安排了付費的品酒會，並出售或拍賣這些瓶裝酒，將所賺到的錢款都捐贈給閱讀空間，爲開發中國家的兒童購買圖書。你仔細想想，這可是一個共生問題：如果你不會讀寫，你就不能玩 Twitter。世界上能讀會寫的人越多，Twitter 潛在的商業空間就會越大。

我們的承諾是在利潤之前傳遞價值，只要有機會我就會和同事討論這個觀點。我們在一起所做的事可能會對全世界產生積極的、潛在的、持續的影響，我們的工作內容會影響很多人的生活，從簡單的社會性工作到災難援助。只要持之以恆地堅守這樣的承諾，Twitter 就可以做到始終以人爲本。

讓我們再想一想，社會價值應在利潤之上。我已經討論過做好事的價值和意義，但有沒有其他方式可以提升這種價值呢？如何才能實現？也許你是 Twitter 使用者，可以透過它做出一些改變。也許你所熱愛的地方、孩子的學校、你所在的城市，都會激發你的價值取向，使你朝下個目標邁進。一個人對社會的給予是慷慨並且有意義的，當我們集體朝某個目標努力，就會產生神奇的效果。

17｜權力的遊戲

離開 Twitter

我協助創立的小公司現在已經發展成爲大企業了。二〇一〇年，我著手回顧我們走了多遠，有什麼經驗和教訓，以及未來的規畫是什麼。

Twitter 現在擁有超過一億名註冊用戶，我們還在積極地招聘人才，進行擴張，關注使用者，並保持系統的穩定。

但變化總是隨風而至。

那是從日本開始的。二〇一〇年十月初，我在東京處理 Twitter 的業務。我費了很大的力氣說服麗薇亞陪我一起去東京參加爲期三天的會議。我答應麗薇亞，如果她願意在東京等我開完會，我就和她一起在日本玩三天。去京都參觀各種寺廟和神社是她最期待的。

到東京的第二天（周四），我在會議室裡參加駭客馬拉松。周五，我要在 YouTube 線上採訪一位身體有殘疾的著名 Twitter 粉絲——他用肩膀夾住手機，然後用舌頭發推文。周六，我準備和麗薇亞踏上我們事先計畫好的京都之旅。

當會議正在進行時，我忽然接到了傑克的電話。傑克、伊凡和我曾經是董事會裡最爲親密的夥伴。傑克說：「畢茲，董事會要解雇伊凡，而且在明天的員工會議上就會宣布。迪克．科斯特羅將成爲臨時的首席執行長，你必須馬上飛回來參加明天的會議。」

這眞是一個巨大的打擊！

迪克．科斯特羅是我們的首席運營長。我們在二〇〇九年夏天找到了他，一開始還頗具喜劇性。那時，恰逢伊凡準備休陪產假。迪克是全球最大的 RSS 託管服務網站 FeedBurner 的共同創辦人，Google 收購這家公司時他便跟著去 Google 工作。伊凡給他發簡訊說：「嗨，我休陪產假的期間，你來代理首席執行長如何？」

迪克回覆道：「哈哈，眞的嗎？」

後來伊凡打電話給我：「請迪克當臨時首席執行長只是開玩笑的啦，但是想聘用迪克是眞的。他想搬到加州來，而且他跟我剛好互補，我的弱點恰好是他的強項，這樣的組合多麼完美。」於是，我們於二〇〇九年九月正式聘任迪克爲 Twitter 的首席運營長。

伊凡、傑克和我一起創立了Twitter，我們是一個團隊。我曾希望我們一直是個團隊，但這似乎很難實現。

我說：「好吧，傑克，讓我想想我能做些什麼。不過現在從日本飛回去參加明天的會議有點困難。」

傑克說：「租一架私人飛機飛回來吧，我們需要你，公司會負擔這筆費用。」

@
\#
★

我十分緊張地打電話給傑森，他也已經知道這個消息。我們討論了如何讓伊凡覺得好過一些，但當務之急是我們必須拖延時間。

「如果我明天不能回公司會怎樣？在我缺席會議的情況下，假如董事會還提出解雇伊凡，是不是不太合常規？」我問。

傑森認爲，董事會很可能會爲了等我而推遲宣布消息。如果我周六回去，至少我們還有一個周末的時間來想辦法應對。

然後我給傑克回電：「請告知董事會我沒法趕回去，機票賣光了。如果他們在我缺席的情況下宣布解雇伊凡的消息，看上去會很不好。另外，我周五還要採訪一位 Twitter 粉絲，你看我們是不是能改在下周一開會？」

傑克說：「好吧，我會通知所有人。」

最後，我要向麗薇亞宣布這個壞消息了，京都之旅只能等下次了。麗薇亞百無聊賴地在酒店房間裡等了我三天之後，就直接和我飛回了舊金山。

@ # ★

周五我採訪了那位 Twitter 粉絲後，麗薇亞和我回到舊金山。在飛機上，我仔細地思考到底發生了什麼事，後來我發現找出伊凡被解雇的原因並不難。我記得我們在一次會議中檢視 Twitter 的資訊統計，那天也是 Twitter 歷史上具有標誌性的一天，我們有一百萬名新增註冊用戶，比我們日常約三十萬的新增註冊用戶量增加了兩倍以上。我問：「發生了什麼事？」原因很簡單，因爲我們的伺服器穩定且連續工作了二十四小時。如果 Twitter 的系統不經常當機的話，我們每天都會有一百萬名新增用戶。這意味著我們限制了自己的發展。這就是我們的公司，如果有一天我們撞上了牆，那也是我們自己開車撞上去的。

或許董事會認為我們本應在技術上保證系統的穩定，我們應該要能增長的更快，我們應該招募一些更厲害的工程師，或者聘用一個技術副總裁。

他們或許還認為伊凡跟不上這種快速的發展。

@
#
★

我在周六回到家，周日便開了兩個會議。

首先，伊凡、傑森和我見了面。伊凡顯得非常緊張，不敢相信這個事實。他一直用手捂著臉，然後打開手掌不斷地問：「到底發生了什麼？我真不敢相信！」伊凡給了我很好的工作機會，我們一直是親密的戰友，為了同一個目標不斷努力，我們一起創立了這家公司。他是我的好朋友，我知道他很難接受這種遭遇。

企業的創辦人很少能成功轉型為一個大型企業的首席執行長。大家對此持有兩種截然不同的看法。有些人說創辦人就是創辦人，他們在建立企業之初非常成功，但是首席執行長還是要給能營運這家企業的最佳人選；有些人則是認為應該由創辦人擔任首席執行長，然後其他人來輔佐他，給他需要的資源來營運企業。

我們的第一任首席執行長傑克，只有做工程師的職業背景。伊凡也是工程師出身，雖然 Blogger 執行長的經驗或許可以視爲相關經歷，但是他在 Blogger 成長爲企業之前將其賣給了 Google。他們兩人都沒有眞正擔任首席執行長的經驗。儘管邊做邊學不是不可以，但是如果以數百萬美元作爲賭注，大家就有些焦慮了。你無法指責董事會的看法：「公司在全速前進，但是管理階層卻沒有一個人具備豐富的經驗。」

伊凡和傑克都是天才。如果必須說他們的缺點，可能就是他們的溝通能力不夠。首席執行長至少有一半的時間都是在進行溝通，這是人性使然，因爲人們對未知的事物都心存恐懼，如果董事會不清楚公司運作的是否良好，他們就會猜測一定有問題。

迪克．科斯特羅曾創辦過幾家公司，他更爲老練，是位有豐富經驗的首席執行長。拋開情感因素，他確實是 Twitter 首席執行長的最佳人選。

但是伊凡不是僅被降級，而是被解雇——他將被沒收門卡、掃地出門，這對我而言非常難以接受且不公平。這太殘酷了，彷彿伊凡犯下了什麼滔天大罪，但是他並沒有。或許他在領導方面可能有些問題，但董事會也不至於如此著急地趕走他。

我們三個人坐在會議室裡，我說：「我有辦法了，如果董事會不解雇你呢？」

伊凡一如往常地回應：「嗯，繼續講。」

我們都知道董事會投票決定解雇伊凡的事情是不可改變的，就像《星艦迷航記》的台詞：「抵抗是徒勞無用的。」

我說：「何不跟迪克談談看？」迪克．科斯特羅是我們的朋友，我們先請他當天使投資人（Angels），後來又聘用了他。他和伊凡在工作上互相尊重，經常一起出去玩，有時甚至會去拉斯維加斯小賭一把。或許迪克可以平息這場風暴。

「告訴迪克，我們會支持他做新任首席執行長，而不僅是臨時首席執行長。告訴他你也會支持他，並且請他提名你做產品總監。這樣你還可以負責產品，這是你真正喜歡的工作。如果你不喜歡，你可以自己提出辭職。」

如果伊凡僅僅是簡單的職位調動，那麼在外人看來可能就不是爆炸性的新聞了。即便之後他辭任產品總監，那又有什麼關係呢。

伊凡對這個處理方式感覺好過了一點，但是要實現這個計畫，可能需要一些手段。

伊凡到會議室裡與迪克討論我們剛才達成的協議。在會議室外，我們聽見爭吵聲穿門而出，「絕對不可能！」伊凡出來時非常沮喪，他用沙啞的聲音說：「我需要呼吸一下新鮮空氣。」然後就離開了。

現在輪到我來試試了。我走進會議室關上門，準備與迪克聊聊，我問：「發生了什麼事？」

「伊凡這個混蛋想和我做筆交易，我才不要透過這種交易來獲得首席執行長的位置。」

「爲什麼不呢？」

「我不想這樣做，我覺得這個計畫令我非常難堪。我不要！」

「但這樣太可惜了，伊凡可是產品設計的高手，你不想要他待在你的團隊裡嗎？」

「我當然想，但這要董事會決定。」

我想迪克是不會同意這個計畫的。

我們又召集了一些人去會議室裡再次討論，有迪克、傑森、艾邁克、伊凡以及其他一些團隊成員。現在，大家要討論如何對外發布伊凡離職的消息。我再次嘗試了我們的計畫，但仍無法達成一致。

在討論媒體公關之前，我還是不能接受這個事實，我一直在想伊凡和我對Twitter所做的貢獻。我的事業和成功都離不開伊凡，我還有很多東西要向他學習。我認爲世界上可能沒有其他人能像他一樣包容我，並且發現我的價值。誠實地講，我認爲他是一個好主管，是創辦人中最棒的首席執行長。他不能就這麼離開，這不公平。沒有人爲伊凡本人和他的職業發展考慮，這讓我比死還難受。

我對迪克說：「等一下，爲了在座的所有人，聽我說，我想確認一件事：你不想因爲自己想擔任首席執行長，就讓伊凡做產品總監，對嗎？因爲這個計畫讓你覺得不舒服，是嗎？」

我的發言吸引了所有人的注意，包括迪克。他正色道：「是的，這種安排讓我覺得尷尬。」

尷尬與伊凡要承受的痛苦相比，是一個多麼脆弱的理由。

「那不如這樣，你能不能爲了老朋友尷尬這一次？就當爲了你的老朋友。」

經過一段長時間的沉默後，迪克終於開口說：「好，我願意。」

要讓董事會也同意這件事，將是一場拉鋸戰。之後，迪克和董事會的每一個人都進行了溝通，試圖說服他們。事情圓滿地解決了，迪克最終還是幫了伊凡一把。我對伊凡仍有一些歉疚，但我覺得這是我能力所及能夠爲他做的事。伊凡有權力選擇自己的去留，也應該如此。

除了對伊凡的影響，我感覺管理階層的變化對我來說似乎也是一個警訊。或許我的樂觀主義與改變世界的理想主義，在領導團隊的利益與朋友的利益產生衝突時並不適用。我不喜歡強硬地處理某件事情，那將意味著我們不能再坦誠相見了。

各種瘋狂的事接連發生。傑克被首席執行長迪克請回來取代伊凡。伊凡在做了六個月的產品總監、又休了三個月的假後，安靜地離開了公司。伊凡離職幾周後，傑森就收到了逐客令，朋友間的關係全部毀壞了。傑克和伊凡之間劍拔弩張，傑森和迪克之間也水火不容。雖然我和傑克的友誼有點小衝突，但還比較牢固一些，起碼從未破裂。在那段混亂的日子裡，我曾反思爲什麼會發生這樣的事情。後來我想明白了：哦，原來是幾百萬美元在作怪。

一家公司三年陸續任命了三位首席執行長，這的確有些不尋常，但對於Twitter這樣的企業來說，這種管理層的變革是現實的需要。賭注越來越高，而且董事會成員大多是由投資者任命的，他們沒辦法重新設計產品或者寫一段編碼來解決問題，但他們握有權力可以重組領導團隊。

這些變化似乎都是權力遊戲的結果，不過我認爲並非所有的人都心存惡意。如果你和任何捲入其中的人進行溝通，他們都會說自己竭盡全力爲了公司好。成功讓我們的賭注變得太高，人們變得固執己見。一旦引起爭鬥，就免不了有人受傷。

@ # ★

伊凡走了，傑克走了，傑森也走了。所有的人都去開發新產品，尋找新機遇了。我也開始有些焦慮不安。這就好像正在融化的冰塊，如果你想讓冰塊融化得更快，可以把大冰塊打碎，讓更多的冰面接觸到空氣以加快融化的速度，而不是把大冰塊原封不動地放著。如果你想積極地進行改變的話，也是類似的道理。理論上來說，你可以成功地創立多間公司，然後讓更聰明的人來運作它們。也有一些觀點認爲，你應該專注於一家公司，好好經營它。但是依照我個人的觀點（散播＝優秀），我更傾向於小冰塊理論。或許是時候輪到我去開發下一個專案了。

@ # ★

二〇一一年，我宣布離開 Twitter。在我猶猶豫豫地準備離開之際，我們的法律顧問艾邁克推了我一把。艾邁克知道我在過去的五年裡，一直致力於維持 Twitter 的中立性。公司經常會被推到各種爭論的風口浪尖上，但是我們從不發表意見。我們並不會站在某一立場上，我們僅僅是個平台，問題與爭論是屬於他者的。我們對使用者的微小設限都來自於眞實社會的法律約束。

這時艾邁克對我說：「我知道你對政府與 Twitter 的關係一直很敏感……」然後他說 Twitter 準備籌組一次線上市民大會，Twitter 用戶可以在 Twitter 上向歐巴馬提問，還會有一個網站專門負責主持這次大會。

我考慮了一下，「可以，這就像我們爲二〇〇八年大選、超級盃以及其他活動做的網路平台一樣。但Twitter的員工不能作爲主持人，我們不能讓Twitter的員工站在總統旁邊。我們可以讓新聞記者、主持人或評論員來主持，但我們不參與具體的事件，Twitter僅僅是一個工具，就好像人們在使用電話一樣。」

艾邁克同意了，所有的事情都已經安排好了，至少我是這麼認爲。

二〇一一年六月二十八日，是我在Twitter的最後一天。而不過隔天，那群熱衷政治的傢伙給全公司的員工發了一封信：「明天早上八點（美國太平洋時間），白宮將史無前例地由歐巴馬總統宣布推出『線上市民大會』！七月六日（下周三）上午十一點（美國太平洋時間），由Twitter市民大會主辦的歐巴馬總統問答活動將在白宮東側大廳進行現場直播。傑克．多西將是活動主持人！」（迪克．科斯特羅擔任首席執行長的第一個決策，就是請傑克重回領導團隊，並且高調宣傳。雖然不久之後，傑克的主要心力都投注在他自己成立的Square公司）。

我每天早上起床後的第一件事，就是透過手機收信。看到這封信時，我被嚇傻了。我無法想像傑克站在總統旁邊說：「我們不僅愛美國政府，我們還支持歐巴馬。」這是我一直以來竭力避免的事。

我毫不猶豫立刻回覆信件給所有人：

當艾邁克第一次和我討論這件事情時，他承諾不會讓任何Twitter員工做活動主持人，這能夠凸顯我們作為中立媒體的立場。我非常反對任何Twitter員工、尤其是讓我們的創辦人作主持人參加這種活動。

這是一個非常錯誤的決定，請參照之前的活動慣例。同時，請努力去找一位合適的媒體人士，而不是請我們負責產品設計的創辦人來主持這項活動。這和我們過去三年來一直努力保持的中立原則以及單純呈現事實的風格相違背。

艾邁克，到底為什麼？這和你的承諾截然相反啊！難道你不是真心認同我對於這件事的看法？我只想阻止這種事情發生，請求你們不要這樣做，這不是我們應有的行為。

畢茲

@ # ★

我非常生氣。從「阿拉伯之春」運動開始，我們一直在努力維持中立，小心地躲避著各種「地雷」。但現在，所有的努力都將毀於一旦。很快就有人回覆了我慷慨激昂的信件。有些人同意我的觀點，有些人則出於好意提醒我這封信是發給全公司的。去他的，我就是要發給所有人！

我仍舊是 Twitter 的技術顧問，但這並不是我自己主動要求的。最終他們仍然讓傑克主持了市民大會的活動，因此這封信件是我在 Twitter 的最後一封信了。

@ # ★

說白了，這種讓創辦人擔任市民大會主持人的決策，會引發公關效應與理想主義之間的衝突。我一直試圖爲 Twitter 建立長期的理想主義形象，我們在做讓人們更加團結的事。事實上，在我雇用行銷人員之前，就開始雇用負責企業社會責任的員工了。我認爲 Twitter 的最高價值是能夠將資訊快速地傳遞給人們，使人們在關鍵時刻做出快速的反應，而其他時候 Twitter 就只是爲了娛樂而已。面對地震、革命、戰爭時，Twitter 要做些什麼呢？Twitter 不能參與其中，而是要置身於爭端之外。這種中立性可以讓我們的服務跨越文化與宗教，展現眞正的民主。

我的工作就是解釋我們的公司在做什麼、以及爲何這麼做。我是一個理想主義者，沒有什麼政治野心，也不希望給任何人貼標籤。我有責任針對那些市民大會活動決策者敲響警鐘，因爲那將威脅到我們的信念。儘管這聽起來有些刺耳，但我希望我創立的品牌是言論自由與資訊民主化的代名詞。

現在是迪克執掌公司大權了。我相信爲全世界謀福祉是 Twitter 成功的關鍵，我希望能夠重新定義資本的力量，大家能透過註冊 Twitter，擁有更美好的世界。可是迪克卻把公司帶往爲股東獲利的方向，這樣的目標是多麼渺小。

從一開始，我就爲公司確定了道德的方向、正義的信念，以及積極做好事的理念。我一直致力於做這樣的事。我在 Twitter 做的最後一件事就是把 Twitter 的總部遷到舊金山老區的一座老建築裡。在那裡，我們能夠看到一些不同的景致。Twitter 搬到這裡之後，其他公司也聞風而來，掀起了一陣新鄰居風潮。

現在輪到迪克來運作公司、並傳承企業理念了。我希望公司依舊能維持一貫無私奉獻的精神。

現在，這裡已變成了我一個人的戰場，我不想浪費時間了。總的來說，我相信迪克對公司持有正確的直覺，公司仍會蓬勃發展，精神支柱總會存在，Twitter 註定會成功。現在輪到我去投入其他事業了，讓他們來繼續運作 Twitter 吧。

@ # ★

在 Blogger，我和同事曾經討論並總結出我們的理念：暢通的資訊管道會對世界產生有利的影響。我們把這個理念帶到了 Twitter。事實上，這個理念已經內化形成了 Twitter 的企業願景：促進資訊流動，爲全世界做出積極的貢獻。Twitter 成立六年來，已擁有數以百萬計的活躍用戶，每天有數以千萬計的訊息更新，可以說 Twitter 已經達成了它的願景。

在我離開的時候，Twitter 已不僅是一家成功的企業，而是我心目中的理想國。我們沒有像其他大型科技企業一樣，把總部搬到山景城，而是把總部設在舊金山市中心一座幾乎廢棄的建築裡。迪克和他的領導團隊成立了一個特殊的專案小組，積極的與各種團體進行溝通，完成企業的社會責任。我在 Twitter 最後的幾天，他們完成了一項新任務。二〇一〇年秋天，僅僅在發布產品廣告六個月之後，Twitter 又發布了「爲美好而廣告」（Twitter Ads for Good）的功能。藉由它，非營利組織可以免費獲得帳戶與發布公益廣告與匯款帳戶。

Twitter過去發展得很好，未來沒有我也一樣會發展得很棒！

@ # ★

是時候該考慮我的下一步了。這段時間，我和伊凡、傑森組成一個團隊，醞釀一些還不確定的計畫。我們沿用之前的公司名「Obvious」，進行投資，並爲新公司出謀畫策。我們聘請了一位執行督導幫助我們分析自己的強項和弱點，以及如何拓展我們的能力、平衡所擅長的工作，轉變劣勢。傑森和我還幫助伊凡創立了一家叫作Medium（媒介）的公司。一些創業者通常會花時間去攻讀工商管理碩士課程、或者成爲一名駐點企業家（Entrepreneur in Residence），而我就和這些人一起運作著Obvious。

這個小插曲讓我有時間反思我過去一直奉行的理念和信條。作爲企業家，我們應該高瞻遠矚，爲我們的城市、國家以及世界做出力所能及的貢獻。人是變革的執行者，但需要有用的工具。我們也不清楚自己做的到底是什麼，我們的想法就是建構一個平台，讓所有的人都可以在上面發揮想像力，從而使這個世界變得更加美好。

我反覆思考著我們營運 Twitter 時的理念：同理心、無私奉獻以及人文關懷。透過捐贈之選網站、紅色系列產品計畫，以及其他的公益事業，我感受到了幫助他人的幸福感，這讓我的人生變得更有意義。總而言之，我是從麗薇亞每天的工作中感悟到這些的。她在從事野生動物保護工作期間，曾被鹿踢到了胃、被臭鼬放的屁燻到了眼睛、被貓頭鷹爪子抓傷了臉，甚至還幫松鼠做過口對口人工呼吸。透過她，我看到了人性無私的光輝。陪伴在她的身邊，我感到無比幸福。如果我能成為一個無私的人，那也是因為我被麗薇亞深深地影響著。

我開始重新定義我的人生和事業。我知道我想從事何種事業、我的人生方向，以及我的遺產將如何分配。我決定把我的生命奉獻給社會，但這必須透過我所擅長的工作來實現。

我們的工作、我們建立的專案，以及我們每天做的那些小事，全部的加總遠遠勝過於把各部分拆開做。如果把慈善、公益或者募捐（不管你叫它什麼）這些活動與商業運作交織在一起，你就可以按照自己的方式做好事。以 Twitter 的發展過程為例，我想重新定義資本主義的成功要素。首先，企業對社會要產生積極有益的影響；

其次，員工應眞正熱愛自己的工作；第三，能夠獲得豐厚的利潤。這是企業成功影響世界，從而讓世界變得更美好的有效方式。每個人都有責任建設一個更美好的世界，而我們也因此讓自己更加優秀。

我希望下一個產品能夠實踐我的理念。

18｜群體的力量

創立 Jelly

我的兒子傑克在二〇一一年十一月二十一日清晨初生。麗薇亞在產後休息片刻，感覺舒服一點後，她把我從不知所措的興奮狀態中喚醒：「出去幫我買杯咖啡吧，我要無咖啡因的豆漿拿鐵，還要一些水果。」

那是一個不眠之夜，我筋疲力盡（基本上，老婆生完小孩的第二天，老公也已經累得趴下了）。但是我仍然打起精神，在心裡默念剛才得到的指示：「水果、豆漿拿鐵，水果、豆漿拿鐵，水果、豆漿拿鐵……」我跳上麗薇亞的速霸陸，駕車飛馳。醫院附近有一個商業百貨，那裡有間星巴克。我跟著一輛全新的豐田汽車駛進停車場。忽然，豐田車停下來，它的前面有五個空著的停車位，但這輛豐田汽車似乎在等某個購物結束的人離開。天啊，在這種時刻，這不是和我開玩笑吧。

我想從這輛豐田的左側開過去，但是我沒有考慮到速霸陸龐大的體積，我太習慣開我那輛 Mini Cooper 了。速霸陸巨大的車身無法擠過豐田車與其他停好的汽車之間，於是我刮到了豐田。

這對我而言簡直是個悲劇。

我從副駕駛座的窗戶看過去，那輛豐田車的駕駛座上坐著一名老太太。她轉向我，直瞪著我說：「見鬼了，你這個混蛋！」雖然我聽不清楚她說什麼，但是我可以從她的口形中猜到。

我們都從車上下來，這位老太太神色緊張，不停地罵我。

爲了讓她冷靜下來，我說：「我會負責解決這件事的，這只是小小的刮痕，很容易就可以修好。我會負擔維修費。我把我的車輛保險寫給你。」

我寫了自己的全名、電話、所有我認爲她可能需要的資訊。我邊寫邊說：「事實上我剛從醫院出來，我老婆剛生下了我們第一個孩子，是個男孩。」我試圖表現得更溫和，因爲我給她帶來了麻煩，必須補救。我想和她隨便聊幾句，讓她冷靜一些：「我想我們可以友好地解決這件小事，您看上去是一位非常善解人意的人。」

她問：「你說你剛剛生了個兒子？」

麗薇亞的樣子浮現在我的腦海裡，她溫柔地抱著我們的兒子。我當爸爸了！

我微笑著答道：「是啊。」

她憤怒地向我尖叫：「你撞壞的是我兒子的車！混蛋！」

當我回到醫院時，護士們問我爲什麼這麼慢，我說我出了點小車禍。她們喜歡聽這種故事，並且開始嘲笑我這個新手爸爸。

這是件小事——一個暈頭轉向的新手爸爸，一位暴躁老太太，一個小事故。我們每天都在做選擇，而每個選擇都會產生不同的結果。我最感興趣的是，當人們面對各種選擇時將會如何應對。我們是否會相互傾聽？我們是否有同理心？如果我們對彼此多一些理解，我們又會怎麼做？如果我當時知道這位老太太憤怒的原因，我就能理解爲何她兒子車上的小刮痕會讓她大吼大叫——因爲她剛失去了丈夫。而她眼前的這個陌生男人剛當上爸爸。這是屬於我的大時刻；但是，這位年逾古稀的老太太剛失去了相濡以沫的老伴，任何小事都會成爲壓倒她的最後一根稻草。我們彼此瞭解得越多，就會有更多的同理心。

@ # ★

網際網路和手機把整個世界連結在一起，社群媒體更是增強了這種連結。經過近十年的發展，我們已經習慣了「加爲好友」、「關注」、「讚」等網路交流的方式，也積累了規模空前的虛擬網路人脈。但是，如果沒有一個遠大的願景，這種連結又有什麼意義呢？

相互瞭解能夠增強人們的同理心。二〇〇八年的夏天，艾曼達・羅斯（Amanda Rose）正在倫敦的一個小酒吧和朋友聚會，她忽然想到一個點子，並且找來一群使用Twitter的朋友。她發起了一個名爲「Twestival」的網路募捐活動，爲當地的流浪漢募集資金購買罐頭食品。才一個晚上她就募集到了一千英鎊！眞棒！

這件事深深地震撼了她，艾曼達決定擴大她的成果：「全世界兩百多座城市的人們，讓我們都來參與這類活動，募集一些款項吧！」眞是太棒了！她爲「水」這個慈善專案募集了二十六萬四千美元。之後，她決定專心從事這個工作。今天，「Twestival」已經成爲全球社群媒體中的募款平台，全世界社交網路的使用者都可以在此平台上互相交流，發布各種募款活動。整件事都是利他主義、無私精神的體現。

「Twestival」以及其他網路應用的成果似乎驗證了我在Twitter成立之初的預言。當時在西南偏南大會上，我們觀察了Twitter最早的一群使用者，發現他們並不像一群傳統意義上的書呆子。我們總能在人們的隨機行爲中看見人性的光輝，然後這些行爲又成就了某項事業。回顧西南偏南大會，我看到了烏托邦理想國的閃耀未來，有些白日夢是可以實現的。

如果六十億人都能無私奉獻，如果我們都拋棄了國家或種族的概念，如果我們都是地球公民，那將會如何？讓我們想像一下吧。

《星艦迷航記》的創作者金·羅登貝瑞（Gene Roddenbery）曾經設想過一個充滿人性關懷，沒有饑餓、貧窮、犯罪及戰爭的未來國度。在那裡，人類將聯合起來探索宇宙。我們將如何消滅大壞蛋柏格？我們要如何實現烏托邦？到底有沒有這種美好的未來呢？

科技可以成爲人與人之間的聯絡工具。透過精心的設計，它會幫助人們展現出善良的一面，還可以透過連結讓我們進入一個超級龐大、極富智慧的新生活體系。這就是我透過 Twitter 看到的。

群體力量展示的是人性的勝利，它可以實現很多事情。想想人們的現代生活，我們可以在一年內完成過去花一百年才能完成的事。假設世界上所有的天體物理學家都在爲火星計畫努力，所有的環境學家都團結一致對抗地球暖化，所有的腫瘤學家都齊心協力解決癌症難題，那麼這些問題是不是都會迎刃而解？世界上只有十一萬四千人擁有超過三千萬美元以上的財產，如果他們聚集在一個 Twitter 群組裡，決定投資某項事業，是否會改變歷史呢？

對於每一個人來說，團結讓我們變得更有力量，也讓我們可以天馬行空地想像我們到底能做些什麼？

@ # ★

我和班．芬克爾（Ben Finkel）一起散步聊天時，一些想法從我腦海萌生。班和我是二〇〇七年認識的。一位朋友介紹我作爲他的企業創業顧問，後來 Twitter 又收購了他的公司。我們兩人喜歡一起喝咖啡，散步聊天，討論各種想法。二〇一二年十二月，一個陽光燦爛的日子，我和班在舊金山芳草地花園散步，談論各種事情。忽然，我有了一個新想法，就好像是我的大腦在對我發問：在現有的技術環境下，如果必須做一個搜尋引擎，那會是什麼樣子？

或許它不必是一個搜尋引擎。於是我又換了一種想法，「如有人要我們建立一個可以回答所有問題的系統，那麼這個系統應該是什麼樣的呢？會不會這正是我們接下來要挑戰的事情呢？」

那麼，搜尋引擎如何工作呢？網際網路上的檔案都是連結起來的，如果你用搜尋引擎提問，就會得到透過演算法找到最接近答案的網頁。

現在大多數的人都有手機了，「如果要發明一種搜尋引擎，我們就要在手機上進行，手機可以把人和人連結起來。」我的想法馬上變得簡單且清晰，它讓我們都很激動。人們已經被行動網路連結起來了，所有的朋友、同行、關注的人一起形成了人際網路，這個人際網路可以與任何高速運算的搜尋引擎相媲美。尋求幫助這件事，可以被重新定義了。

班說：「天吶，你是對的！」然後他充滿熱誠地闡述了一堆如何去實現這個想法的獨到見解。

我說：「我們可以創造一個提問系統，這個系統可以把你的問題發送到你的網路社交圈。如果他們不知道答案，他們還可以繼續轉發，這樣就能保證知道答案的人出現。我們可以建立一個回答問題的系統，並且需要由使用者爲這些問題的轉發尋找路徑。」

已經有人使用網路技術在做這樣的嘗試了，有人建立了奇摩知識家，有些人在

Twitter、Instagram、臉書上發問，但是沒有一種應用系統能讓人們在手機上毫不猶豫且快速優雅地回答另外一個人的問題，而且還可以用照片來印證。班和我都有些激動。這是一款類似搜尋引擎的應用程式，可以回答所有的問題，因爲它把問題拋向了那些有知識、有經驗的人。這比任何人工智慧都要好得多，這才是眞正的智慧，或許也是未來的搜尋方式。讓大家幫助大家——這聽上去很棒！重新創業，這就是我們前進的方向。

第二天，我給班打電話：「我還在思考這件事。」

班說：「我也是！」

@ # ★

關於Jelly，最簡單的解釋就是：它是一款人人互助的工具。

這無關科技，而是人與人之間的連結。你只需把問題轉發給可能知道答案的人即可，就是這麼簡單。大家幫助大家是這個世界上最酷的事情，這個想法充分利用了現在的網路連結。所有的朋友、關注者應該怎樣互相幫助呢？這就是我們一直努力的方向——全球關懷。

我們叫它 Jelly，這是因爲水母沒有大腦。不過，水母擁有「神經元網路」，面對危險時，任何一個神經元都可以把資訊傳遞給數以百萬計的神經元。因此，任何一個小水母都會成爲團隊中的一員，爲群體服務。當危機過去，水母又會變成鬆散的組織，飄來遊去，各自行事。

水母在地球上已經生存了七億年（這對於無腦生物來說簡直是個奇蹟），牠們可以通過鬆散的連結，迅速傳遞資訊，將個體快速集結起來，完成個體不可能單獨完成的團隊目標。這種特質讓我預見到未來。

這就是 Jelly 的運作方式。在當下行動網路空前發展的前提下，手機能夠讓人們及時地回應他人。這種方式能讓個體團結起來，創造出更好的整體。這個連結世界的美好前景，依靠的正是人與人之間的相互幫助。這就是我把這款應用程式命名爲 Jelly 的原因。

@ # ★

之後，我與我最尊敬的幾個人一起討論如何運作 Jelly。我暗自希望他們會說服我這不值得花這麼多時間，因爲我知道一旦開始，我就會全心投入。我首先和傑克．多西談了合作事宜。

「別說了，」他打斷我，「這絕對是最適合你的工作！所有的事情都在你的掌握之中，你一定要去做！」

我向我最聰明的三個朋友諮詢，傑克、凱文．陶和葛瑞格．帕斯。我一直稱凱文是「Twitter 最受歡迎的員工」。他在二〇〇八年加入 Twitter，負責行動網路的所有項目與設備運作。葛瑞格．帕斯是 Summize 搜尋引擎的創辦人，也是 Twitter 的第一位首席技術長。他們三個人聽了我的介紹後，都認爲我必須做這件事。班．芬克爾說他要從 Twitter 辭職和我一起創業。之後，麗薇亞和我去凱文．陶家吃晚飯時，他再次說：「我要加入 Jelly。」

我問他：「這是不是就像最近在小孩子中流行的『我加入』遊戲，這代表你認爲它是個好主意？」

他說：「我只是想和你一起工作。」

我的胃頓時翻滾了起來，或許是因爲感動吧。看來我要投入這個工作了。凱文在行動網路的領域擁有超過二十年的經驗，他是商業界的全能型選手，既是技術人才，也是商業天才。如果我能得到班和凱文的支援，這個想法變成現實也就爲時不遠了。

過去，我一直認爲自己非常適合做「最佳演員」伊凡的「最佳配角」，和伊凡一起工作非常棒，他改變了我的生活，我一直視他爲好朋友。現在，輪到我自己的事業了，我的自信心又開始爆表！

當然，我也有一些遺憾。我喜歡在 Obvious 每周工作三天的狀態，剩下的時間我可以陪伴剛出生不久的寶貝兒子。可是我的內心澎湃，清楚知道自己不能放棄這個想法。Jelly 可以讓大家互相幫助，它就像一個搜尋引擎，唯一不同的是，它是由人來回答問題，而不是電腦。

如果每個人都秉持幫助他人的信念，對有需要的人給予說明，世界將會多麼美好。如果每個人都有幫助他人的信念，這個世界肯定會更棒。

在全球村的背景下，培養同理心是非常有必要的。我們應該站在別人的角度思考問題。一位老太太因爲我刮到了她的車而喋喋不休地罵我，但是我沒有與她爭吵，而是耐心傾聽。現在我有自己的事業要做——有很多人在我身邊，他們有各種問題，我可以幫助他們。如果我這樣爲人處事，如果所有的人都這樣爲人處事，那麼世界肯定會朝著正確的方向邁進。

Jelly並不能拯救世界，但它確實可以賦予這個世界更多的同理心。我決定做這樣的事業。

我又開始畢茲．史東的天才式職業生涯了。早在很久以前，我就知道自己是個能夠成就大事的人，但那時我還不確定自己到底是誰、我的信仰是什麼、我想要達成什麼目標。

現在，我知道我要做什麼了，我也不再自稱爲天才，我相信依靠科技可以取得人性的勝利。這個說法或許很簡單，聽上去也可能很自負，但是它對我意義重大。

就這樣，我創立了Jelly，在科技產業裡開發自己的利基市場。我不清楚Jelly是否會成功，但是這些信念一直激勵著我。

我對我的團隊說，如果有成千上萬的人加入我們，不斷地幫助別人，那麼我們將對全世界的和諧做出貢獻。Jelly的遠大抱負就是全球關懷。

現代人享受著有史以來最爲高速的連結。我們可以用濾鏡美化照片並在社交圈分享，我們可以和朋友的朋友玩線上遊戲，我們可以用一百四十個字來感受這個星球的脈動。那麼，我們爲什麼要建立這麼龐大的人際網絡呢？大多數人都不會考慮這個問題，但這並不影響我們關心他人。我們不會考慮這些連結的長久用處，僅是希望和朋友分享照片、並且能即時獲得消息而已；我們只是希望生活多一點娛樂，或者輕易記住親友的生日。資訊的即時傳遞讓人們感到棒極了。自從行動網路建立起來之後，我們一直在做各種有趣並且有意義的事情。然而，我偏偏要刨根問底，這到底是爲什麼？

我們爲什麼擁有史上最爲便利的網絡？它不是爲了隨時關注親友的動向，也不是爲了玩遊戲，更不是爲了資訊檢索的便利，甚至不只是爲了與全球的事件保持同步。連結社會的意義在於人們能夠互相幫助。

人性本善。我們相互連結，這樣就能彼此幫助、一起前進。還有比這更好的解釋嗎？

我們經常會遇到這種情況；在高速公路上行駛時，如果發現有人的車停在路邊，我們會經歷三個階段的心路歷程。我們的第一反應是：我要不要停下來看看有什麼可以幫助他的？大多數人都很善良。但是，接下來的第二階段，我們腦海中也會瞬間閃過其他想法：

如果這個人是個瘋子怎麼辦？

搞定這件事要耽誤我幾個小時？

我會不會遲到？

第三階段是，我們會自我欺騙：他或許已經叫了緊急救援服務，或許已經有朋友趕來幫他了。我們甚至會想，緊急救援人員和他的朋友都在路上，我下車過去詢問會不會打擾他？然後，我們就拋開歉疚感，繼續趕路。

但如果我們停下車問一問呢？「發生什麼事了？爆胎了？你還有備胎嗎？我可以幫你換備胎。」如果我們幫助了他，滿意地拍拍手上的塵土，接受他衷心的感謝，然後再心滿意足繼續上路，又會怎樣呢？

我們的感受將會多麼美好，我們會感到自我肯定——我是一個多好的人啊！我們當然也可以把這種人性的光輝分享給別人：「你們也開車上班對吧？我今天開車上班時幫助了別人……」

每個人都會有利他主義的心理，而某些人需要經歷一些事情才會喚醒潛伏在內心深處的同理心。例如，有些志願者去了非洲，其中一位醫生說他挽救了當地孩子的性命。這些獨特的生活經歷會讓我們以全新的視角來看待世界。但是，整個社會的利他主義同理心又如何建立呢？

如果幫助別人是一件非常容易的事情，我們都不會吝惜舉手之勞。例如，停下車來幫別人換個備用輪胎，利用自己的技能幫助別人，或許這就如換件衣服般簡單。

把社會連結起來的真諦是喚醒人們內心深處的同理心。它利用行動設備、社群媒體，讓幫助別人這件事簡單到只需動動手指即可。Jelly或許並不是答案，也不會是唯一的答案，但是至少它指向了正確的方向。

全球關懷才是人性的勝利。

後記

一同前行

我在 Twitter 促成的一些合作都是爲了公益。我精心策畫了一些專案，讓類似捐贈之選網站和紅色公司這樣的慈善機構與傑克的公司 Square 進行合作。我同時還是伊凡的公司 Medium 的董事。傑克和伊凡也是 Jelly 的天使投資人和顧問，我和他們兩人每周都會單獨見面聊天。

就在我完成這本書的同時，Twitter 也上市了，可以說是萬衆矚目，媒體對此更是十分關注。每個人都在談論 Twitter，它已成爲一種潮流。任何一個公司上市的時候，都會有很多故事要講，但 Twitter 對於我的意義還是一個創造許多機會的簡單應用程式。Twitter 確實是我參與並一手創辦的，在這個過程中，它也成就了我。

我寫這本書的初衷是記錄我的一些經歷。或許你也是辛苦的上班族，喝了杯咖啡後開始工作，再喝點咖啡，接著處理堆積成山的信件，回到家還要面對支付不起的帳單。如果你看透了這些事，就會發現是什麼讓你每天早起，是什麼讓這個世界不再只是單調的黑白雙色。激情、風險、創新、同理心、失敗、樂觀、幽默、智慧——這些才是驅動我們不斷前行的動力，定義成功的關鍵，並且自我實現。這並非要你坐下來對自己說：「嘿，做點什麼來面對這個困境吧？」我只是希望在面對挑戰的時候，這個理念能爲你指明方向，讓你跳出現有生活環境的局限。雖然道路艱辛，方向也在不斷變化，但靈感其實就在其中。

@

#

★

我誠懇地希望大家能打開思路，堅信自己能夠夢想成眞，並用天馬行空般的願景去創造未來。

無須辭掉你的工作，但始終要去思考什麼會改變你的生活軌跡。每天下班後回到家，你的第一句話應該是：「我到家了，我能幫上什麼忙呢？」試著這樣去做吧。你也許有一份差強人意的工作，對它談不上喜歡，錢也掙得不多，只能養家糊口。那麼，換一個角度去審視你的工作，找到你認爲精彩的部分，心甘情願地做下去。即使在最壞的情況下，希望也還是存在的。重新定義自己的成功，重新審視自己的處境，挑戰自我，創造機會。
我們正並肩前行，走向美好的未來。

致謝

創業是一件非常困難的事情，因為會有許多事情分散你的精力。經過這麼多年，最終我發現自己才是那個注意力最不集中的人。我總是在聊天、笑鬧、想新點子，提出問題。在我看來，以創新為名做出的最大跨界就是「無拘無束」，但這或許並不適合每一個人。一般來說，我對我周圍的人都有點干擾，所以對於那些在我職業生涯中一直堅與我同行的人，我深表感謝，也對他們的專注力深表敬意。

特別要感謝我美麗、聰明又可愛的妻子麗薇亞，以及一大票人。

感謝曼蒂・史東、瑪傑麗・諾頓、薩爾基斯・勒夫、盧西・瑞朱利安—伯吉、喬伊・瑞朱利安—伯吉、唐納・布林吉、史提夫・斯奈德、馬克・金斯伯格、丹・高德瑞克、傑森・艾坦尼斯、葛瑞格・艾坦尼斯、葛瑞格・帕斯、傑克・多西、伊凡・威廉斯、莎拉・威廉斯、傑森・高德曼、彼得・雅各、希拉蕊・利弗汀、雷蒙德・納瑟、班・柏林伯格、莉蒂亞・威爾斯、尼克爾・邦德、凱蒂・阿爾伯特、卡米爾・哈特、羅倫・海爾、史提夫・強森、史提芬・科伯、羅恩・霍華德、查理斯・貝斯特、克莉斯・

菲萊莉斯、雅莉安娜．赫芬頓、布萊恩．塞伽茲、艾爾．戈爾、比爾．柯林頓、比詹．薩比特、博諾、里德．霍夫曼、諾亞．馬赫布蘭、凱文．托、班．芬克爾、布萊恩．卡達爾、亞力克斯．格雷費爾、奧斯丁．薩納、盧克．聖克雷爾、史提夫．詹森、詹森．謝倫、諾亞．葛拉斯、亞歷山大．麥傑弗雷、松澤尤加莉、阿杜爾．喬杜里、吉爾傑塔、李奧．麥克利、法蘭茲．格拉瑟、梅根．查維斯、衛斯理高中，以及我自己的過去、現在和未來。

很顯然，如果你已經讀過本書，你會知道我每分每秒都在向前衝，就連剛剛過去的那一秒、在我寫完致謝名單的時候也是。這也許意味著我可能會遺漏一些幫助過我的人。沒有成百上千的人幫助，我不會得到如此大的成功和快樂。

所以，如果我不小心遺漏了你，我在這裡表示歉意並感謝你。種善因得善果。如果你曾經幫助過我，請接受我的致謝，我希望你身體健康、好運相伴、永遠快樂。

謝謝！

畢茲．史東

瘋狂改變世界 我就是這樣創立 Twitter 的！／畢茲 ‧ 史東 (Biz Stone)；
顧雨佳、李淞林譯－初版 .-- 臺北市：時報文化，2015.09
面；公分 .-- (Revolution；007) 譯自：Things a little bird told me : confessions of the creative mind
ISBN 978-957-13-6392-9(平裝)
1. 史東 (Stone, Biz) 2. 資訊服務業 3. 網路社群
484.6
104017389

本書繁體中文譯稿由中信出版集團股份有限公司授權使用
ISBN 978-957-13-6392-9
Printed in Taiwan

Revolution7

瘋狂改變世界 我就是這樣創立 Twitter 的！

Things a Little Bird Told Me: Confessions of the Creative Mind

作者 畢茲 ‧ 史東 Biz Stone ｜ **譯者** 顧雨佳、李淞林 ｜ **責任編輯** 陳怡慈 ｜ **文字編輯** 吳卓芝 ｜ **美術設計** 林彥谷 ｜ **董事長 ‧ 總經理** 趙政岷 ｜ **出版者** 時報文化出版企業股份有限公司 10803 臺北市和平西路三段 240 號 4 樓 **發行專線**——(02)2306-6842 **讀者服務專線**——0800-231-705 ‧ (02)2304-7103 **讀者服務傳真**——(02)2304-6858 **郵撥**——19344724 時報文化出版公司 **信箱**——台北郵政 79-99 信箱 **時報悅讀網**——http://www.readingtimes.com.tw ｜ **法律顧問** 理律法律事務所 陳長文律師、李念祖律師 ｜ **印刷** 盈昌印刷有限公司 ｜ **初版一刷** 2015 年 9 月 25 日 ｜ **定價** 新台幣 320 元 ｜ 行政院新聞局局版北市業字第 80 號 ｜

文化的力量

REV.

改變全世界